魔芋高产栽培与加工新技术

主　　编　王　玲　杨　谨

副主编　彭小明　吴玉梅　马继琼　杨　奕

参编人员　孙一丁　庄云华　苏　俊　廖　原

U0208763

云南出版集团公司

云南科技出版社

·昆明·

图书在版编目（CIP）数据

魔芋高产栽培与加工新技术/王玲，杨谨主编.—昆明：云南科技出版社，2018.3（2023.8 重印）

ISBN 978-7-5416-9597-1

Ⅰ.①魔… Ⅱ.①王… ②杨… Ⅲ.①芋—蔬菜园艺 ②芋-加工 Ⅳ.①S632.3

中国版本图书馆 CIP 数据核字（2018）第 055880 号

责任编辑：李凌雁
　　　　　杨志能
封面设计：晓　晴
责任校对：张舒园
责任印制：蒋丽芬

云南出版集团公司
云南科技出版社出版发行
（昆明市环城西路 609 号云南新闻出版大楼　邮政编码：650034）
昆明理煜印务有限公司印刷　全国新华书店经销
开本：889mm×1194mm　1/32　印张：3.375　字数：85 千字
2018 年 5 月第 1 版　2023 年 8 月第 8 次印刷
定价：18.00 元

序　言

　　魔芋（Konjac）是唯一含有大量葡甘聚糖（Gluco—mannan）的作物，是我国西南地区极具特色的植物资源，发展魔芋产业对西南地区农村产业结构调整和农民增收起着非常重要的作用。云南省由于独特的地理环境及丰富的资源，有着发展魔芋产业得天独厚的自然条件，经过近30年的发展历程，如今云南省的魔芋产业无论在科研水平、种植业及加工业上都有了极大的提升，已成为了当今中国魔芋产业发展中不可或缺的重要区域，曾有专家说过"世界的魔芋在中国，中国的魔芋在云南"。云南省魔芋产业已成为区域经济发展、产业结构调整的一大亮点。特别是当前，在精准扶贫及大健康快速发展时代趋势之下，魔芋产业作为精准扶贫及大健康产业的典型代表必将迎来新的发展高峰。

　　本书系作者结合20多年的魔芋科研成果和实践经验编写，在系统地介绍了魔芋的形态特征、生长习性及对环境条件的要求的基础上，重点介绍了魔芋的良种繁育、种芋的收获、贮藏，魔芋的高产栽培技术及商品芋的初加工技术。本书内容深入浅出，可供基层科技人员、芋农阅读参考。

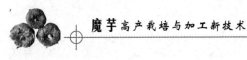

　　《魔芋高产栽培与加工新技术》由云南省农业科学院生物技术与种质资源研究所和云南省农业科学院经济作物研究所协同云南省标准化协会主持编写，并得到了其他科研、教学及生产单位的大力支持。

魔芋部分产品

魔芋资源（魔芋花）

珠芽黄魔芋

珠芽红魔芋

白魔芋

甜魔芋

花魔芋

巨魔芋

魔芋间套种

魔芋覆盖栽培

魔芋资源(植株)

滇魔芋

疣柄魔芋

勐海魔芋

西盟魔芋

花魔芋

白魔芋

魔芋部分病害

魔芋软腐病

 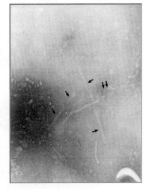

魔芋病毒病

魔芋杂交育种

魔芋球茎

地下球茎

叶面球茎

不同种魔芋球茎剖面

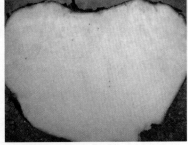

珠芽红魔芋

珠芽黄魔芋

魔芋的种植

目　录

第一章 概 述

魔芋是天南星科（Araceae）魔芋属（*Amorphophallus Blume*）的多年生草本植物（Monocotyledoeae），英文名 Elephant - foot yam，或用魔芋属拉丁名 *Amorphophallus*，近年也以其代表种 Konjac 的拉丁名作英文名，以 Konjac 表示魔芋。魔芋原产于印度和斯里兰卡，在我国有 2000 多年的栽培历史，是传统的食品和草药。我国古时称蒟蒻，传入日本后承继其名，而在中国蒟蒻之名在民间已失传。世界上对魔芋产业化开发及利用最早的国家是日本，中国历经 30 多年的产业化开发，目前已经形成了集种植、加工、制品和市场销售为一体的、完整的产业链，实现了中国魔芋产业从无到有、从弱到有的历史进步。

魔芋是目前发现的唯一能够大量提供葡甘聚糖的植物种群，葡甘聚糖是一种天然高分子的多糖，具有优良的亲水性、凝胶性、可逆性、乳化性、成膜性和增稠性，不仅能够用来防治糖尿病、肥胖症、心血管、消化系统疾病等病症，还可以平稳血压、降血脂、降胆固醇、生态排便并通过增强免疫力来达到防癌抗癌的效果。我国有丰富的魔芋资源和较强的产业开发创新能力，且葡甘聚糖具有良好的保健作用和食品特性，葡甘聚糖开发利用已成为健康产

1

业及食品领域一个不可缺少的角色。

魔芋主要分布于我国中西部的山区、半山区，由于其具有较高的经济价值、特殊食用价值及广泛运用范围，种植魔芋，发展魔芋产业对广大贫困山区农民增收、脱贫起着积极的促进作用。特别是当前，在精准扶贫及大健康产业快速发展时代趋势之下，魔芋作为精准扶贫及大健康产业的典型代表必将迎来新的发展机遇。

一、国内外魔芋产业发展

1. 国外魔芋产业

国外魔芋生产与利用主要在日本，印度于 20 世纪 60 年代开展了魔芋生产、利用的学术研究，目前主要集中在淀粉型魔芋（*Amorphophallus paeoniifolius*）的开发与利用。法国人 Cachin 1905 年对魔芋的消化营养进行了研究。美国人 Smith 及印度尼西亚人 Suribasutaba 1959 年分析了魔芋甘露聚糖的化学结构，20 世纪 90 年代欧美对魔芋减肥保健作用进行了研究。

（1）魔芋产业形成与萌芽阶段

公元 6 世纪，由中国将魔芋传入日本，起初作为医药用品和零食点心的珍贵物品，直到 1192—1333 年，其烹调方式多样化，作为斋食而扎根。在 1393 年，奈良首建"蒟蒻同业公会"成为魔芋产业化的开端。

（2）魔芋产业发展初期

17 世纪后期，魔芋栽培已遍及日本各地，并成为广大群众乐于接受的食品之一。公元 1769—1805 年，日本佐藤信渊所著的《草本六部耕种法》中叙述："魔芋适宜温暖地区栽培，遇寒极易损伤，遇霜易腐烂。隔三四年收获，则球茎肥大。而在寒冷地区，每年9月中旬挖出其球茎，收藏于温室中越冬，翌年春季再移栽于别处。"此书描述了魔芋的适生条件、低温伤害、收获期及播种期。19世纪日本将魔芋作为一般大众食品普及，促进了魔芋栽培和加工的发展。由于加工处理得到了"精粉品牌"，即"水户粉"品牌。二次大战后，日本魔芋生产得到较快发展。20世纪60年代在全国兴起了"蒟蒻热"，成为日本传统的主要食品之一，同时魔芋种植发展很快，到20世纪70年代，魔芋种植面积跃居世界第一。1961年由于原料短缺，价格暴涨，导致市场混乱，必须有人组织管理及出台新的政策。1963年日本魔芋协会的成立，标志魔芋产业的形成。

（3）魔芋产业的快速发展阶段

随着科学技术的发展，人们对魔芋保健作用的不断深入研究，1971年，日本魔芋研究会的成立；1984年《魔芋科学》的出版；1991年发行了《最新魔芋全书——栽培、经营、流通、加工》，内容丰富翔实，对魔芋食品的消费也大大增加。据资料介绍，日本全国人均每天魔芋食品消费量高达300g。但是由于日本的魔芋栽培除受耕地面积减少的局限外，还受到每七八年一次的台风影响，并且每次台风过后要三年左右才能恢复，加之病害的影响和种植魔芋农民的老龄化，致使日本国内魔芋生产不足，国内自产精粉每年约有8000t左右，现种植面积比高峰期减少40%左右，产品生产量减少50%，30余年来，随着中国魔芋种植的发展，魔芋精粉作用的不断发现与利用及中国、东南亚一些国家魔芋产业的发展，日本不得不从中国、缅甸及其他一些东南亚国家大量进口魔芋胶、精粉和深加工系列食品。

20世纪90年代以来，除日本市场，美国及俄罗斯等欧美发达国家开始注意到魔芋的用途。美国国家科学院出版社于1996年出版的由美国国家科学院医学研究所食品与营养食品化合物大典编委会所编写《食品化合物大典》中，公布了对魔芋粉的性质、用途及鉴定方法。美国目前重点将魔芋粉用于食品添加剂，还生产出了降血脂、降胆固醇和减肥的药品。而韩国、泰国等东南亚国家及其他欧美发达国家随着对魔芋科研的深入及魔芋应用技术的突破，需求量呈增加势头，主要用于添加剂、保健品、化妆品等。魔芋由于受种植区域的影响、原料的限制及其不可替代性，产品的开发主要向提高加工技术含量、增加产品附加值的方向发展。

2. 中国魔芋栽培利用的历史及产业现状

（1）中国魔芋栽培利用的历史

中国是魔芋的主产国和利用最早的国家，在我国魔芋作为食用、药用已有2000多年的历史。但真正大量生产及种植约30年的时间，相对日本100多年的历史确实起步较晚。20世纪80年代中期，日本由于受到台风的影响，魔芋产量大幅度减产，日本商家到中国寻找魔芋原料，带动了中国魔芋种植及产业的发展。

（2）中国魔芋栽培利用的现状

在近 30 多年的魔芋产业发展史中，中国魔芋产业由于对外贸易过度的依赖，曾经历了"三起三落"历史，之后中国魔芋界认识到国内市场的重要性，努力地开拓国内市场。据中国园艺学会魔芋协会统计，目前我国的魔芋原料在国内市场消化已占 70%，产业向着健康、稳定的方向发展。我国魔芋产业的许多领域已赶上日本的水平，有的领域甚至已超过日本，目前中国魔芋种植面积已是世界第一，2016 年据中国魔芋协会统计全国种植面积约在 190 万亩左右，产品由单一的魔芋粉发展到凝胶食品、仿生食品、医药保健品、化妆品等 100 多种品种，但就整体的育种水平，种植技术及加工技术都还落后于日本。

（3）中国魔芋产业发展存在的问题

①人们对魔芋用途认识度不高

20 世纪 50 年代印度有学者说过："如果说存在着一种尚未引起人们足够重视的作物，那就是魔芋"。魔芋由于分布区域性的极限性，人们对其了解知之甚少，或仅仅停留在传统的习惯用途、片面的感性认识上，对魔芋的使用价值和经济价值缺乏足够的认识，在科研、市场开发、资金及人力的投入上滞后于这一产业快速地发展。

②种植规划不完善、无科学的种植理念，盲目发展，损失惨重

中国魔芋产业是受外部市场刺激而形成和发展的。1982 年日本受台风的影响，全国魔芋产量大幅度减少，为弥补国内原料的不足，大量从中国等国家进口，从而刺激中国魔芋种植业的发展。20 世纪 90 年代中国的西南地区

掀起了种植魔芋的高潮，现在全国魔芋种植面积约 190 万亩。之前由于科技积累不够，人们以传统错误的方法去指导生产，或仅仅参考其他经济作物的发展模式来指导发展魔芋种植业，导致大面积种植中发病率高，严重时达到颗粒无收，绝产。

③对魔芋病害的危害认识不够，预防不力，病害流行

魔芋的病害问题是世界性难题，日本魔芋病害主要以叶枯病、根腐病、软腐病、白绢病为主，这些病害中除叶枯病外都属土传病害，而土传病害是最难防治的。日本目前对魔芋的病害尚无很好的根治方法，主要以预防为主。中国魔芋产区多为纬度偏南的山区，更为温暖多湿，虽更适合魔芋生长，但同时也更适合软腐病、白绢病的发生。因此，这两种病的危害程度远远超过当初的预料，甚至超过日本，调查统计全国魔芋种植的发病率平均高达 30%以上。

④品种单一、种芋退化严重、无规范化的良种繁育体系及基地

至今魔芋主产国中国、日本等国还未培育出真正的抗病品种，主要以种植花魔芋为主，且多是未经纯化的地方种及其地方类型，而不是真正意义上的栽培品种。

魔芋的种性决定了魔芋的繁殖系数比起其他作物低，退化严重，易感染上病害。

魔芋种芋常规繁殖方式：

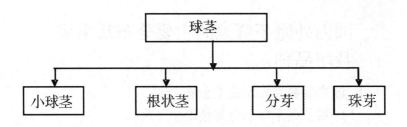

与其他一些球茎类作物相比，魔芋的繁种有许多特殊之处。首先，它为多年生无性繁殖作物，3年才能收获；其二，其他薯类作物如马铃薯、甘薯等繁殖系数可达十几倍到几十倍，而魔芋仅只3~4倍左右；其三，种芋主要是通过无性繁殖，带病严重，种植发病率高，产量降低、品质退化；其四，魔芋种植用种量大，每亩约需种芋500kg左右；其五，魔芋的球茎比其他薯芋皮薄肉脆更易受伤，种芋受伤容易感染病菌，导致种植上的大面积发病。近几年由于市场的需求，带动了种植业的发展，而全国各魔芋主产区大多未建立真正意义的魔芋良种繁育基地。长距离、大批量调种，种植中发病率高，损失惨重。

⑤魔芋加工技术落后

中国魔芋加工企业大多数都进行魔芋初加工生产，深加工、高附加值商品较少。主要是以买低价位的原料为主，如芋角、芋片及魔芋粉，产品单一，附加值较低，抗风险能力弱。据资料显示进行深加工生产魔芋胶可增值5倍左右，生产复配胶可增值8倍左右，生产魔芋仿生食品可增值15倍左右。

二、国内外魔芋资源的主要分布及主要 栽培品种

1. 国内外魔芋资源主要分布

（1）魔芋在全球的分布情况

魔芋属植物是天南星科中分布区域性较强，分布区域较小的一个属，主要分布于亚洲印度、中南半岛和云南为主的中国西南部及东南亚，共有125种，非洲的马达加斯加和非洲大陆共有38种。全球163种魔芋属植物，具有开发价值的主要集中在亚洲。一般认为魔芋原产印度及斯里兰卡，传入中国后经朝鲜传入日本。现主要分布在印度半岛及东亚各国，南起赤道线上热带雨林气候带的印度尼西亚，北至北纬36°的我国宁夏、陕西和甘肃南部的季风影响区，东达日本三岛。呈如下分布：

北
（北纬36°，我国宁夏、陕西和甘肃南部的季风影响区）

西（印度半岛）　　　东（日本三岛）

南
（赤道线以上热带雨林气候带的印度尼西亚）

表1 中国及东南亚地区的主要魔芋种及分布情况

学 名	中文名	分 布 情 况
A. albus	白魔芋	中国云南、四川
A. konjac	花魔芋	中国云南、缅甸、泰国北部、老挝
A. corrugatus	田阳魔芋 （俗称黄魔芋）	中国云南、缅甸、泰国北部
A. kachinensis	勐海魔芋 （俗称黄魔芋）	中国云南南部、缅甸北部、印度、印度尼西亚、孟加拉国
A. krausei	西盟魔芋 （俗称黄魔芋）	中国云南南部、缅甸北部、印度、印度尼西亚、孟加拉国
A. bulbifer	珠芽魔芋	中国、缅甸、日本
A. muelleri	珠芽黄魔芋	中国云南、缅甸、泰国北部、老挝
A. yuloensis	攸乐魔芋	中国云南南部、泰国北部、泰国北部
A. prainii		泰国南部、印度尼西亚、马来西亚半岛
A. paeoniifolius	疣柄魔芋	中国云南南部、印度南部、泰国、缅甸
A. titanium	泰坦魔芋	马来西亚、苏门答腊
A. tonkinensis	东京魔芋	中国云南南部、越南北部及南部
A. yunnanensis	滇魔芋	中国云南、泰国、缅甸、老挝
A. hayi	红河魔芋	中国云南西南部及南部
A. kiusianus	东亚魔芋	中国东部及中国台北、日本南部

（2）中国魔芋资源主要分布

中国魔芋的分布主要集中在云南、四川、贵州、湖北、广西、陕西等省，共有 21 个种。魔芋资源的分布具有如下规律：在水平地带上，魔芋的种类及数量随纬度的升高呈单向递减的趋势；在垂直地带上，魔芋的分布呈纺锤形曲线的双向递减趋势，其上限随纬度的降低由东向西而递增，其下限随纬度的降低而递减，由东向西而递增见表 2。

表 2　中国魔芋种质资源及分布

纬度	地区	种数	种名
35°↑	秦岭山区	1	花魔芋
	长江淮河山区	2	花魔芋、东亚魔芋
	四川盆地周围山区	3	花魔芋、白魔芋、南蛇棒
	长江以南山区	3	花魔芋、东亚魔芋、南蛇棒
	台湾山区	4	花魔芋、硬毛魔芋、台湾魔芋、疣柄魔芋
	云贵高原	5	花魔芋、滇魔芋、南蛇棒、白魔芋、西盟魔芋
	广东广西山区	10	花魔芋、滇魔芋、疣柄魔芋、蛇枪头、攸乐魔芋、梗序魔芋、东亚魔芋、桂平魔芋、田阳魔芋、疣柄魔芋
20°↓	云南西南部及南部准热带区	11	滇魔芋、疣柄魔芋、攸乐魔芋、屏边魔芋、红河魔芋、滇越魔芋、西盟魔芋、勐海魔芋、东京魔芋、田阳魔芋、矮魔芋

2. 国内外魔芋主要栽培品种及其栽培

目前国内外魔芋的主要栽培种及品种有花魔芋,约占总栽培量的 70%,其次是白魔芋,占总栽培量的 5%~8%,珠芽类魔芋约占 0.5%。主要集中在中国、日本及泰国、印度尼西亚、缅甸的少部分地区。

(1)国外魔芋主要栽培种及品种

魔芋由于受分布及种植区域的影响,国外魔芋的科研、生产及利用主要在日本,而日本也是世界上发展魔芋产业最早、最好的国家。日本从 20 世纪 50 年代起开始杂交育种,70 年代至今从其杂交后代系统选育中陆续筛选和推出了农林 1—4 号 4 个品种(赤城大芋、榛名黑、妙义丰和美山增),日本魔芋新品种选育虽然所费时间长,但新品种的选育及推广,为日本魔芋种植的发展奠定了良好的基础,到目前为止,其良种推广程度较高,仅群马县赤城大芋种植占总面积的 73%,榛名黑占 24%,二者合计约占 97%,其余老品种仅占 3%,说明这两个新品种对日本魔芋种植业起到支撑作用。日本 20 世纪 90 年代后期培育出了两个新品种——妙义丰和美山增其杂交亲本为日本的花魔芋地方品种和中国种(从中国引进、地方化的花魔芋)。由于遗传背景太近,其后代在产量、品质(出粉率、黏度)和适应性方面虽有所改进,但并无突破,特别是在日本最重要的病害叶枯病和软腐病的抗病性改进不大,所以至今日本对于防治魔芋病害主要还是依靠农业技术措施及农药,叶枯病、软腐病、白绢病、根腐病等的危害仍然困扰着日本种植业的发展。受病害、台风和经济的影响,日本的魔芋种植基地出现了几次大的转移。

（2）国内魔芋主要栽培种及品种

中国魔芋育种工作始于 20 世纪 80 年代，随着魔芋产业的发展，国际、国内对魔芋产量及品质要求也愈来愈高，选育优良品种并加于示范推广已成为魔芋产业健康发展的保证。目前我国科研院所对魔芋品种的选育工作重点是从地方品种资源中选育和进行品种引进，据不完全统计：原西南农业大学从 20 世纪 80 年代起采用集团筛选法，从全国各地搜集了 13 个花魔芋农家品种，经过几年的正规品种比较试验、生产试验和区域试验，于 1992 年选育出"万源花魔芋"，其葡甘聚糖含量在参试材料中均为最高，抗病性相对较好，并于 1993 年通过四川省农作物品种审定委员会审定；原西南农业大学魔芋研究中心审定了"渝魔芋 1 号"；湖北省恩施魔芋研究中心开展了魔芋品种资源收集、抗病性鉴定和抗病品种的筛选工作，并从国内外引进资源从地方栽培种中筛选并审定"清江花魔芋"；云南省农业科学院生物技术研究所魔芋课题组自 2002 年从云南丽江花魔芋混合群体中，采用系统选育，经过连续 7 年定向选育，于 2009 年由云南省园艺植物新品种注册登记办公室进行新品种登记注册的优良花魔芋新品种"云芋 1 号"；楚雄州农科所于 2011 年从云南楚雄花魔芋的混合群体中通过系选育，鉴定云南省的另一个花魔芋的优良品种"楚魔花 1 号"；2014 年云南省农业科学院生物技术与种质资源研究所、西双版纳傣族自治 州农科所、西双版纳傣族自治州种子管理站从 A. muelleri 混合群体中通过系统选育，鉴定了适合热带、亚热带区域种植的珠芽类优良品种"云魔迷乐一号""云魔迷乐二号"和"云魔迷乐三号"。

三、云南省魔芋产业发展的现状及优势

1. 优势及取得的成绩

云南有着丰富的魔芋资源、悠久的魔芋栽培及利用的历史，但真正形成产业也只是 20 多年的时间。早在 20 世纪 80 年代云南省委省政府对开发云南的生物资源就十分重视，1985 年省科委（科技厅）立项批准，由中科院昆明植物研究所与其他科研单位共同组建了"魔芋开发利用研究"课题组，对云南魔芋资源地理分布及其种类、生理生化、高产栽培、加工利用、快繁技术等进行全面综合研究，取得了一批成果，并获得了云南省政府科技进步奖，出版了"魔芋栽培及加工利用"小册子，普及了这方面的科学技术，推动了我省魔芋资源的利用，从此结束了云南省仅只出口魔芋干片（角）的历史。2000 年至今，云南省科技厅、农业厅、财政厅、生物资源创新办等相关部门一直对魔芋产业的发展给予了极大关注，对魔芋产业发展中出现的问题进行了专门列项支持。云南省的魔芋产业在这十多年的发展中无论是科研水平、市场开发、加工技术、种植面积都有了大幅度的提升，据估计，2016 年全省约有 60 万亩的魔芋种植面积，居全国第一，魔芋加工厂约有 50 多家。

（1）基地建设稳步发展

①资源优势

云南省由于特殊的气候条件和生态环境，魔芋资源非常丰富，据调查中国魔芋属植物共有 21 个种，云南就有 11 个种，占全国魔芋资源的 52.4%，并有许多特有品种，以其品质优良、色泽佳而在魔芋界已成共识。曾有专家说过："世界的魔芋在中国，中国的魔芋在云南。"每年在魔芋的收获季节，60% 以上的国内外魔芋商家都要云集云南采购或调查魔芋行情。

②基地优势

根据魔芋的分布特性（纬度）及生长环境（温、光、湿、海拔），云南省大部分地区都可种植魔芋，是魔芋种植的最适区和特适区，且魔芋品质优于其他省（区）。各魔芋产区从实际出发，积极探索市场牵龙头、龙头带基地、基地联农户的经营模式，努力提高规模效益。在短短 20 多年的魔芋产业发展中，云南省的魔芋种植面积从野生、零星种植到规模化种植，现面积达 60 万亩，占全国魔芋种植面积的 30%，且每年还以平均 5% 的面积增加。

（2）龙头企业建设步伐加快

全省魔芋企业约有 50 多家，省级龙头企业有 6 家，年可生产魔芋粉 6000 多吨左右。加工产品由初级、原料型向高附加值产品发展。如高质量的魔芋胶、仿生食品、旅游方便食品类及果冻、饮料等。

（3）科研体系逐步完善

①通过多年的科技攻关，云南省的魔芋科研工作取得较大的进展，在魔芋良种繁育、基地建设、病害的综合防控等进行了较系统的研究，取得了一批科研成果，并通过

基地网络体系的建设，有效地促进了科研成果的转化。

②获得了一批具有自主知识产权的成果，如云南农科院生物技术与种质资源研究所魔芋课题组通过技术创新，获得了"魔芋组培苗批量化生产及组培苗栽培技术""魔芋试管芋的繁育技术""一种魔芋良种的繁育方法""魔芋杂交育种一年二代加代繁殖的方法"及"一种魔芋良种繁殖方法"的国家发明专利，为建立高效的魔芋良种体系奠定了基础。

③选育了适合云南省不同种植区域种植的魔芋新品种，昭通市永善县选育的白魔芋新品种"金沙江白魔芋"；楚雄州农科所选育的"楚魔芋1号"；云南省农科院生物技术与种质资源研究所魔芋课题组选育的"云芋1号"。针对林下产业的发展，培育了适合热区种植的"云魔迷乐一号""云魔迷乐二号"和"云魔迷乐三号"。

④完善了杂交育种技术体系，云南省农业科学院生物技术与种质资源研究所王玲研究员所带领的魔芋课题组通过拥有自主知识产权的发明专利，成功的缩短了魔芋良种的选育进程，获得多个杂交组合材料。

⑤通过对国内外优异魔芋资源进行收集、整理及评价，云南省农业科学院生物技术与种质资源研究所魔芋课题组在不同海拔、不同的生态区域建立了魔芋资源圃，对收集的魔芋资源进行整理，评价，根据魔芋自然分布规律和生长的生态环境条件，把魔芋种植区域划分为：花魔芋种植区、白魔芋种植区、黄魔芋（西盟魔芋、勐海魔芋）及珠芽类魔芋种植区，并根据具体的海拔、温湿度及纬度

又进一步规划出魔芋生长的特适区、适植区。

花魔芋种植区：花魔芋是魔芋中适应能力最强，分布最为广泛的一个种，几乎遍布于全省的所有山区、半山区，最佳适植区为海拔 1500～2200m，温暖湿润的山区、半山区。空气湿度保持在 50% 以上；年降雨量在 1000～1500mm。

白魔芋种植区：分布区域较狭窄的一个种，分布于海拔较低、温度较高、湿度较低的干热河谷一线的昭通等地区。

黄魔芋种植区：分布于热量丰富、高湿，光照充足、海拔低于 1200m 的热区，德宏、临沧、版纳、文山沿南疆一线。

珠芽类魔芋种植区域：分布于热量丰富、高湿，光照充足、海拔低于 1000m 以下的热区，德宏、临沧、版纳等沿南疆一线。

2. 存在的问题

云南省魔芋产业起步较晚，形成于 20 世纪 90 年代。虽然国内外魔芋消费市场的不断开拓和发展，市场需求迅速扩大，但科技投入及基地建设始终滞后于产业发展的进程，不能起到很好的支撑作用。种植规划不科学、原料不足、品质逐年下降，加工产品的相对单一、附加值低及抗风险能力弱等问题同全国一样仍然制约着我省魔芋产业快速、持续的发展。

主要表现在：

（1）种植规划科学性不强，病害发生率高，产量下降市场需求刺激了种植业快速的发展，种植面积迅速扩增，但无科学的种植规划，盲目发展，病害发生率高、绝收或产品根本不能用于加工，造成了巨大的损失，农户种植魔芋的积极性受到了挫伤。原料不足导致部分厂家停产、关门。

（2）品质下降

良种退化、品种单一，未成熟就急于加工，对产品的质量做假等等，致使品质下降，直接影响魔芋的价格及市场。

（3）魔芋加工技术落后

资源开发的最佳效益在于高附加值的深度开发，云南省现有魔芋加工企业约 50 多家，主要以加工魔芋粗粉及魔芋精粉为主。

3. 今后魔芋产业发展重点

（1）建立高效、标准化的魔芋良种繁育体系并推广应用

结合不同种植区的适生品种，在魔芋主产区建立高效、标准化、集约化的魔芋良种繁育基地。

（2）魔芋新品种的培育

通过成花诱导技术、单倍体培育及常规杂交育种等技术和方法，缩短魔芋育种周期性，加快良种选育进程，为生产上培育优良、抗病新品种。

（3）魔芋软腐病的防治

进一步的研究魔芋软腐病的致病机理与发病原因，加强对魔芋软腐病防控，减少病害的发生及危害。

（4）以科技为支撑，科学规划种植区域

了解品种特性，根据品种特性，选择相适的种植区域及种植环境，减少种植风险。

（5）高纯度、优质速溶魔芋胶的研发

提高魔芋胶的溶解速度，使之更好的用于食品添加剂、减肥功能食品、保鲜剂及化妆品中，提高食品的口感、成型、保质期及化妆品保水、持水性。

（6）魔芋甘露寡糖及其衍生物的研制

魔芋甘露寡糖可作为功能性食品添加剂应用于保健食品的生产中，其衍生物作为药物开发有着广阔的前景。魔芋甘露寡糖是魔芋胶在特定酶的作用下经水解制得，魔芋甘露寡糖有一定的甜度，能替代蔗糖和葡萄糖，但又不使血糖升高，它不被人体内消化道所消化，产能低，可通过促进肠道双歧杆菌增殖，减少有毒发酵产物及有害细菌酶的产生，增强机体的免疫力和抗氧化能力。湖北工业大学干信等通过魔芋甘露寡糖制备出新型类肝素药物——魔芋甘露寡糖醛酸丙酯硫酸酯钠盐。同济医学院新药开发室对其进行的药理实验结果表明：魔芋甘露寡糖醛酸丙酯硫酸酯钠盐在小鼠、大鼠、兔中灌喂给药具有明显的抗凝血低和抗血栓强作用，且安全性好，毒性极微，是一种有前途的防治心血管疾病的新型低分子类肝素物质。通过研制魔芋甘露寡糖及其衍生物，加工生产出高附加值产品满足市场需求。

（7）环保型吸水材料及保水材料的研发

利用魔芋甘露聚糖具有较强的吸水及持水特性，生产纯天然环保型吸水材料及保水材料，无论在工业及农业上都有着重大的意义。天津大学化工学院已同美国威斯特公司联合研制这一产品，并进入中试阶段，申报了美国国家发明专利。魔芋吸水、保水材料的开发与应用对化工吸水材料形成根本改变，将给世界环保及节水做出重要的贡献。云南冬春干旱常年发生，加上几年一遇的严重干旱，对作物生长和产量造成很大影响，若能大量生产利用来自魔芋的保水剂，其应用前景广阔。

参考文献

［1］刘佩瑛．魔芋学［M］．中国农业出版社，2004.

［2］王玲，肖支文，李勇军，等．魔芋良种繁育及栽培技术［M］．云南科技出版社，2010.

［3］王玲，马继琼，尹桂芳，等．魔芋实用知识问答［M］．云南教育出版社，2013.

［4］张盛林．魔芋栽培与加工技术［M］．中国农业出版社，2005.

第二章　魔芋植物生长

一、魔芋的植物学形态特征

魔芋为天南星科魔芋属草本植物，起源于热带雨林气候地带，是森林下层的草本植物，在热带雨林这样温暖湿润、直射光稀少，土壤疏松肥沃，富含有机质的生态条件下，通过长期的适应其相应生态环境的系统发育，形成了许多相适应的形态特征和生理特征。

1. 根系

魔芋根系分布于土壤浅表层，属浅根系作物，因此土壤的通气条件，土壤表层温度直接影响根系生长发育。魔芋在生长过程中，根的生长对温度的要求比芽的生长略低，因此翌年温度回升达 12℃ 时，根开始生长，魔芋是先长根后发芽。魔芋主根长约 20cm 左右，水平状分布于土壤表层以下的 5~10cm，当根长出以后，根系不断代谢，老根枯死，新根继续发生，7 月以后新根增长逐渐减少，8月以后根的生长显著减弱，球茎接近成熟时，主根首先衰退，从近球茎端转为竭色而枯萎，并从离层处与球茎脱离。当土壤干燥时，根系发育即停止，植株的生长只能靠未换头球茎提供，并影响其吸收作用，球茎基本不会换头

20

或换头不完全，极大地影响了魔芋的产量；当土壤过湿或涝渍时，也会影响根系的生长发育及其功能，植株的抗病能力大大下降。根系正常的生长发育需要土壤通透性能和水分处于良好状态。只有根系发育良好，才能获得较高的产量。

2. 球茎

（1）地下球茎

魔芋的球茎是肥而短的地下茎，是茎的变态，由茎的基部发育而成。魔芋球茎的主要功能是贮藏大量的营养物质，如淀粉、蛋白质、葡甘露聚糖等，也是目前工业上加工利用的主要部分，并且也是魔芋主要的繁殖器官，魔芋的花、果等均在生长周期结束时枯萎死亡，唯有球茎保留，成为延续生长，孕育根、叶、花、果再生的器官。

球茎的顶端有粗壮的顶芽，节与节间明显，节上有干膜状的鳞片叶和腋芽，球茎贮藏有大量的营养物质，为特殊的营养繁殖器官，魔芋球茎的形状因同一球茎的栽培年龄不同而外部形态有差异，同一球茎随着栽培年龄的增加而体积不断增大，形状也不断发生变化，一般1年生球茎为椭圆形，2年生球茎为圆柱形，3年生球茎为圆球形，4年生球茎为球形，同时球茎上的芽眼，特别是顶芽的芽眼，随着球茎种植年限的增加而不断加深，由凸顶逐渐为凹陷加深。

（2）根状茎

当球茎生长到一定大小时，其上部发育出若干鞭状体，称为芋鞭或根状茎，相当于其他植物茎的分枝，由球茎节上的侧芽发生。因球茎上端和中部的节和芽更密集，根状茎也多在上、中部。种和品种或种龄不同，发生根状茎的数量相差较大，同一个种种龄越大根状茎的数量越多，白魔芋一个球茎能长出 15～20 条根状茎，长 10～25cm，直径 1～2.5cm；花魔芋一般只有 5～15 条左右，长 8～15cm；珠芽类魔芋基本无根状茎。根状茎有顶芽、节及节上侧芽，顶端稍膨大，当球茎成熟以后，根状茎自然与球茎（母体）分离，根状茎一般当年不发芽出土形成新株，而成为下年的繁殖材料。

（3）珠芽

生长在魔芋叶面上的小球茎，是珠芽类魔芋如 *A. bulbifer*、*A. muelleri* 的主要性状特征，珠芽类魔芋的主要繁殖方式不是地下球茎周围长出的根状茎（珠芽类魔芋基本没有根状茎），而是地上植株复叶分叉处生长有为数较多浅色的气生球小茎。叶面球茎的多少与种植魔芋的种龄有极大的相关性，种龄越大，叶面上的球茎越多，当魔芋成熟以后，叶面球茎从魔芋复叶上脱落，进入休眠，翌年气温回升，珠芽萌发，成为珠芽类魔芋良好的繁殖材料。

3. 叶

（1）魔芋叶的形态特征及生理功能

叶片是执行光合作用与物质同化最重要的器官，魔芋叶大，多为大型复叶，通常一年中只发生一片叶（淀粉型魔芋甜魔芋 *A. sp.* 叶是丛生状），一般叶柄长 30～80cm，叶片通过起输导组织作用的圆柱状叶柄支撑并与球茎相连，叶的再生力弱，叶片一旦受到创伤便失去了光合作用的器官，偶有从侧芽形成第二片叶从叶柄基部开裂处伸出，但较小，难以代替损伤了的叶。

魔芋叶柄粗壮、中空，底色一般绿色或褐色，上有深绿、墨绿、暗紫褐或白色斑纹，形状各异，是区别不同种的标志之一。

叶片通常三全裂，裂片羽状分裂或二次羽状分裂，或二歧分裂后再羽状分裂，从种子繁殖第一年起，随着年龄增长，叶片分裂方式呈规律性变化，一般3年以后叶形稳定，基本可以从叶的分裂可以判断魔芋的种龄。

（2）魔芋叶片的生长过程及展叶类型

魔芋叶片的生长与气候、种植期、种芋等因数密切相关，经调查，生长发育过程如图。

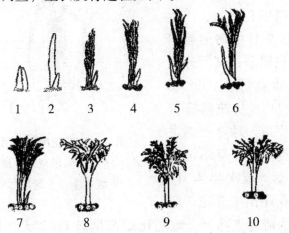

图1 魔芋叶片生长发育过程图解

1－2萌发期 3－5出叶期 6－7现叶期

7－8开叶期 9－10展叶期

4. 花

（1）魔芋的花序类型及基本形态特征

魔芋的花为佛焰花，由花葶、佛焰苞和肉穗花序组成。花为裸花，虫媒，雌雄单性，雌雄同株，花在花序轴上呈螺旋状排列，是较为原始构造的花序，雄花位于花序上部，雌花位于花序下部。魔芋的开花期在春末至夏初，种间的不同主要决定于花芽成熟的早晚。白魔芋、西盟魔芋花芽形成比花魔芋、勐海魔芋晚，开花期约晚近一个月。花魔芋在8月中旬即在叶柄基部圈内的球茎顶端开始花芽分化，顶端分生组织在一起，产生花穗轴，9月中旬前后出现单性花原基，其后分化雌蕊和雄蕊原基，至10月底或11月初花器官分化基本完成。球茎控制进入休眠期后，花芽不再有组织活动。至次年4月，花葶及花序出土开花，魔芋的花为雌蕊先熟型，雌蕊比雄蕊早熟1～2天，且雌蕊受精的时间短，同株的雄花开花时，雌花已不能授粉、受精。

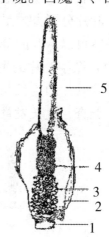

图2　魔芋花序纵剖面
1 花序梗　2 佛焰苞　3 雌花序
4 雄花序　5 附属体

（2）魔芋开花、授粉

　　一般用种子繁殖的魔芋连续种植 4～5 年后才能形成花芽开花，用一年球茎繁殖的魔芋连续种植 3～4 年后形成花芽开花，开花植株的球茎，通常在秋季形成花芽，第二年春末夏初抽出花葶绽蕾开花。不同的栽培条件对魔芋的开花有着一定的影响，水肥条件好，气温较高的地区，魔芋的开花会适当提前，利用这一特性，云南省农业科学院生物所魔芋课题组进行魔芋种间杂交（白魔芋与花魔芋的杂交），并获得了杂交种。魔芋花芽自萌发出土到开花约 35 天，开花期仅 7～15 天，每天上午 9—11 点开花，每天开花的时间常与当天气候条件有关，如果天气晴朗，气温较高，湿度较低，每天开花的时间可以提早，反之，阴雨天气，气温较低，每天开花的时间则推迟。

表 1　魔芋花序生长历程（安徽大学，何家庆）

花序生长发育过程	历时/时间天	形态特征
萌芽期，萌动出土	3～5	球茎顶芽肥大露土
外层鲜叶松弛	7～10	芽体膨大，伸长，外层鲜叶松弛，内层鳞叶伸长，紧包芽体
花序自芽体露头	2～4	内层鳞叶成熟，芽体松弛，花序伸鳞叶之上
花前期，花葶加速伸长生长	2～5	花葶伸长将佛焰花亭抱出，外层鳞叶脱落，内层鳞叶极度松弛，包围花亭基部

续表1

花序生长发育过程	历时/时间天	形态特征
花初期,附属体逐渐向外伸展	1~3	花葶停止伸长,肉穗花序发育,附属体半露,佛焰茎紧裹
花势期,佛焰茎发育成熟	2~3	附属体继续伸长,佛焰苞檐部前端扩大,外展呈小喇叭状,内仍紧裹花序
开花期,佛焰苞呈大喇叭状	4~10	佛焰苞全部展开,顶端外倾,卷筒,附属体劲直
雄花成熟及传粉	2~4	佛焰苞檐部外展有力,附属体色泽艳丽,雄花有花粉散出

5. 果实及种子

魔芋的传粉、受精和种子发育过程对魔芋果实发育有显著的影响,受精后,胚珠发育为种子,子房迅速生长发育成果实。魔芋的果实为浆果,椭圆形成近球形,由果皮和种子两部分组成,果实中有2~4粒种子,魔芋成熟的种子外皮较坚硬,形同棕榈种子,魔芋种子很独特,据原西南农业大学刘佩瑛教授研究发现,魔芋种子是被子房壁包裹着的一个典型的营养器官的小球茎,而非真正意义上的植物学种子。

魔芋小球茎的萌发条件:

①温度:魔芋的小球茎成熟以后马上进入生理休眠,休眠的长短与温度有着密切关系,如温度在20℃左右,小

球茎于翌年2月下旬结束休眠，而在12℃以下，小球茎于翌年4月休眠才结束。

②水分：促进魔芋小球茎萌发的最基本条件是球茎吸入足量的水分后，各项代谢活动才逐渐增强，球茎开始萌发，经过一个冬天的干燥储藏，球茎的含水量仅10%～15%，当土壤含水量为80%左右最适种芋的萌发，另外，为加快种子的吸水速度，播种前晒种、浸种可使种子吸水充足均匀，发芽出苗快而整齐。

二、魔芋生长对环境条件的要求

魔芋起源于热带雨林地带，通常为近地草本层，温暖湿润，直射光少，土壤疏松肥沃深厚，系统发育使魔芋具有喜稳定的温暖气候，忌高温多变的环境特点。

1. 温度

魔芋是一种喜温暖，忌高温的作物，对温度的变化较为敏感，温度的高低直接影响其生长发育和栽培生产。

魔芋球茎在5℃左右开始萌发，适宜发芽的温度为20～25℃，高于45℃或低于0℃时，经过5天左右芽即受害死亡。在魔芋的实际栽培生长季节内，日平均气温低于12.5℃或高于30℃的地方，都不适宜种植魔芋；日平均气温在12.5～30℃之间的地区，均适于发展魔芋生产，其中日平均气温在17.5～25℃的地区，最适合种植魔芋。

魔芋不但需要在一定温度的自然环境中才能开始生长发育，还需要有一定的温度总量才能完成其生活周期。如花魔芋适植在海拔800～2500m的山地生长，需活动积温

27

4279.8℃，有效积温1089.3℃。

2. 光照

魔芋是半阴性作物，喜散射光及弱光照射，忌强光。花魔芋的光饱和点是1700～2200Lx，光补偿点为2000Lx。在自然条件下，适当遮阴措施可提高光合作用强度，降低呼吸作用强度。光合作用在7—8月份最强，9月后期明显下降。魔芋具有相对较低的光饱和点，这决定了魔芋的半阴性生长习性。一旦光强较大地超过魔芋的光饱和点，叶片温度即局部迅速上升，并发生日灼病害，光合效率下降，影响魔芋的产量形成。日照长短也影响魔芋的光合积累，日照长度在9～10h，魔芋生长正常。

3. 水分

魔芋适宜湿润空气环境、丰富的有机质土壤的生态环境，生长期和球茎膨大期，需要较高湿度的土壤环境，土壤湿度80%左右的含水量为佳，超过80%的土壤，土壤通气性降低，不利于球茎的膨大，9月中下旬，在魔芋生长后期，要适当控制水分，土壤含水量应由80%降到60%，以利球茎内营养物质的积累，雨水过多或地块积水，球茎表皮可能开裂，导致染病，造成田间或贮藏期间腐烂，影响产量和质量。水分对魔芋生长的影响首先表现在根部。土壤含水量在25%以下时；根系活力明显下降，在干旱条件下，根和根系几乎全部死亡。当后期水分过量（积水）时，球茎表皮因水分充足带来的迅速生长而发生破裂以及魔芋的根系处于无氧呼吸状态，使根系受到伤害而影响生长。

4. 土壤

魔芋球茎生长于地下，因此对土壤条件要求较高，土层深厚，质地疏松，有机质丰富和通气排水良好的轻质沙壤土最适宜魔芋的生长，松厚肥沃的土壤是魔芋根系发育和球茎膨大的重要保证。黏重、排水透气不良，容易板结的土壤不适合魔芋生长，不仅产量低，易发病，而且球茎形状不整齐，表皮粗糙，加工性能不好。土层太浅的土壤不适魔芋球茎的换头和膨大。

5. 矿质养分

魔芋植株物质所含钾（5.11%）、氮（13.23%）、磷（0.8%）之比为8:6:1，与马铃薯等薯类作物对矿质养分的需求相似。

氮素能促进地上部生长繁茂，促使叶色浓绿，增加光能利用率，加快有机物质的积累，促进蛋白质或酶的合成。但氮肥过多时，引起地上部徒长，减弱植株对病虫害和异常气候的抵抗力，影响球茎膨大，降低种芋耐贮性。尤其是在干旱情况下，氮肥过多造成的损失更大。氮肥不足时，地上部叶片变黄，叶绿素含量减少，球茎的生长和膨大受到极大影响。

钾素能促进叶片光合产物的合成和向球茎转移，增加淀粉和葡甘露聚糖的含量，对提高球茎品质和增加耐贮性等有明显作用，并能促进植株生长健壮，增强植株的抗病能力。

磷素参与糖代谢和核酸的合成。磷肥充足时，不仅能促进植株的正常发育，还能提高球茎产量和品质，增加淀粉与葡甘露聚糖的含量和耐贮性。

6. 植被

良好的植被具有荫蔽作用，产生潮湿凉爽的环境以利植株顺利度过 7—8 月高温干旱季节。植被的破坏容易造成气候和土壤的恶变，从而造成魔芋种群的减少甚至消失。通过与果树、玉米等高秆作物套作间作，可获得良好的荫蔽度，降低病害，增加产量。

三、魔芋的生长与生长周期

魔芋种芋从播种、萌芽、出土、展叶、倒叶、休眠、再到种芋的生长与休眠的过程，叫魔芋的生长周期。根据魔芋生长的全过程，将其生长周期分为幼苗期、换头期、膨大期、成熟期和休眠期。

1. 幼苗期

种芋栽培后，所含营养物质迅速分解供生长所需，促进发根、萌芽及新球茎形成，叶芽出土，并有一定生长，故称此期为幼苗期。

2. 换头期

种芋不断的消退，新的球茎逐渐形成并开始膨大，植株开始进入独立的旺盛生长期，叶面积及叶柄迅速增长，这个时期叫换头期，此期从 7 月初至 8 月初，约 1 个月左右。

3. 膨大期

叶生长已达顶点，叶面积达最大峰值，叶绿素含量及过氧化酶继续上升，净同化率达最高，光合产物大量运转积累到球茎中，新的球茎迅速膨大。此期球茎的鲜重及干物质重分别占全生长发育期的63%及50%，葡甘露聚糖及淀粉含量分别占50.2%和50.1%，此期从8月至9月底，约2个月，每个球茎绝对干物质日增重达0.8~1.0g，是决定魔芋产量形成及品质优劣的关键时期。

4. 成熟期

此期以9月底至10月底。球茎的葡甘露聚糖等多糖类物质积累减缓，干物质增长速度陡降，叶生长趋于停滞，逐渐枯黄，直至倒伏。

5. 休眠期

魔芋为适应生态环境而形成其生理休眠，休眠的深度和休眠期之长为作物中少有。一般从10月至11月倒苗后至次年2—3月，长达5个月才能解除休眠。魔芋因种性不同，其花芽与叶芽的休眠期表现有所不同，花魔芋的花芽球茎其休眠期短于叶芽球茎，白魔芋的花芽与球茎休眠期相差的不显著。

参考文献

[1] 王玲，马继琼，尹桂芳，等．魔芋实用知识问答[M]．云南教育出版社，2013．

[2] 王玲，肖支文，李勇军，等．魔芋良种繁育及栽培技术[M]．云南科技出版社，2010．

[3] 刘佩瑛．魔芋学[M]．中国农业出版社，2004．

[4] 何家庆．魔芋栽培及加工技术[M]．安徽科学技术

出版社，1995.

［5］张盛林. 魔芋属杂交育种技术研究［C］. 西南农业大学，1994届硕士研究生论文.

［6］孙远明，张兴国，等. 赤霉素对魔芋成花和育性的研究［J］. 西南农业大学学报，1988，10（3）：317 -320.

［7］李勇军，王玲，马继琼，等. 魔芋花粉的保存研究［J］. 西南农业学报，2010，23（4）：1202 -1205.

［8］李勇军，王玲，陈建华，等. 魔芋花粉离体萌发及花粉管生长的研究［J］. 西南农业学报，2011，24（6）：2316 -2320.

第三章　魔芋的高产栽培技术

魔芋的高产栽培技术包含种芋、种植区域，种植的生态环境及地块的选择、种植期的管理、病虫害的防治及商品芋的收获等环节，每一个环节的不到位，均能导致病害发生及流行。因此，做好每一个生产环节，把魔芋的病害防治贯彻在整个生产过程中，是魔芋稳产与高产的保证。

一、种植区域的选择

根据不同种群选择相适宜的种植区域，魔芋的种植区域包括：

1. 花魔芋种植区域

花魔芋是魔芋中适应能力最强，分布最为广泛的一个种，从中国最南端的海南省到北部宁夏回族自治区、陕西省都有分布，最佳适植区为海拔 500 ~ 2200m，温暖湿润的山区、半山区。空气湿度保持在 50% 以上；年降雨量在 1000 ~ 1500mm。

2. 白魔芋种植区域

分布区域较狭窄的一个种，自然分布区域仅在四川省南部及云南省北部的金沙江河谷地带。白魔芋植株矮小，球茎扁球形，表皮褐色，内部白色，根状茎发达。适应低海拔、温度较高、湿度较低、日照较强的环境。白魔芋是葡甘聚糖型魔芋的品质最佳种，且耐软腐病、白绢病的能力强于花魔芋，但其产量较低、根状茎过于发达，引种到其他地区种植，其产量和球茎加工性状下降。因此并不提倡盲目引种白魔芋。

3. 黄魔芋种植区域

黄魔芋所谓"黄魔芋"，它不是分类学概念，而是一个关于魔芋球茎内部颜色性状的直观描述，是指球茎内部颜色为黄色的魔芋，主要包含了田阳魔芋、西盟魔芋、攸乐魔芋、勐海魔芋四个重要种。黄魔芋均分布在热量和光照较充足的地区，分布于热量丰富、高湿，光照充足、海拔低于1200m 的热区，以野生状态为主，现已逐渐转为人工栽培。

4. 珠芽魔芋类魔芋种植区域

主要指复叶上着生小球茎的这一类魔芋，代表种有 *A. muelleri*、*A. Bulifer*，适合种植于热量丰富、高湿、光照充足、雨量充沛、海拔低于1000m 以下的热带雨林地区。

二、栽培地块的选择

在大的区域环境（生态、气候、温度、湿度等）适宜相对应的魔芋种生长条件下，要达到稳产、高产，地块的选择起到了至关重要的作用。地块选择包含土壤及小环境的选择：

1. 环境

魔芋喜温暖湿润，但忌高温、强光、更怕干旱。地块选择夏季应较阴凉湿润，以利于魔芋生长，秋冬季较温暖干燥。一般为山峦互相遮挡或有树木遮阴、空气湿度较高的斜坡、背风地带，土壤不易被暴雨冲刷的地块。

2. 土壤

土壤层较深厚（30cm 以上），肥沃、有机质丰富、土壤通透性能好，保水、保肥、排涝良好，土壤 pH 值 6.5 左右的土壤，一般以壤土或沙壤土为好，地块选择还应考虑前茬作物，避免选择种植魔芋，茄科、蔬菜类作物的地块，宜选择种植玉米、小麦等作物的地块。

三、栽培制度

魔芋的栽培制度包括轮作、间套作、垄作和覆盖栽培四种。

1. 轮作

（1）重要性

因魔芋受细菌性病害软腐病、根腐病及叶枯病和真菌性病害白绢病等的严重威胁，其病残株带菌留在土壤中成为初侵染源，只有利用轮作来切断病原菌传播，才是最根本的解决途径。

（2）原则

连作原则上不超过 2 年，2 年后必须轮作，参与轮作的作物应避开马铃薯、辣椒、萝卜等易感软腐病的作物和易感白绢病的茄子等，一般与禾本科作物接茬较为安全。

2. 间套作

（1）重要性

魔芋的叶片叶柄成"T"字形或"Y"字形，光线穿透较差，对光的利用率很低，而且光合效率也不高，与其他作物或林木间作套种，一则可增加单位面积上的叶面积指数，提高单位面积总产量。二则魔芋畏惧强烈日照，实行间套种，可得到其他作物或林木遮阴，防止强烈日照引起的环境温度增高，保护魔芋的生理正常，降低病害威胁，提高产量。

（2）关键

间套种的关键是布局要合理，密度要适当，荫蔽要适度，魔芋与间套作物双方受益，单位面积总效益高于单作。

①间套作物的选择：高于魔芋的作物，3年或4年生花魔芋一般株高约1m，因此间套作物最好是高秆作物或幼龄落叶经济林木，如玉米（高秆品种）、桑树、落叶果树、油茶、蓖麻、橡胶林等，使高秆作物和林木在上层获得更充足的日照，而魔芋在下层得到适当荫蔽。

②间套种的荫蔽度：荫蔽度应因地制宜，海拔较低，温度较高，夏季常出现30~35℃高温，日照时间长而强烈的地区，应采取50%~80%的荫蔽度；日照时数为9小时左右，且强度低，温度不高的地方采用40%~60%的荫蔽度；日照较差的高海拔地区，夏季气温较低，湿度较高，云雾缭绕，山区北风坡栽培等均不必遮阴。

③间套种的方法：预留魔芋和间套作物的种植行，保证套作物必须专畦专垄，以保证魔芋萌芽出土后能得到足够光照，魔芋由于根系浅，吸收力较弱，间套作物的根系不能影响魔芋根系的发展和养分吸收。

3. 垄作栽培

实行垄作是由于魔芋喜水又怕渍。垄作既可避免田间积水，同时通过垄作，增厚土层，改善通风透光条件，增大昼夜温差，减少水土流失，促进球茎膨大和地上部分生长。起垄地规格可依据种芋的大小，进行单起垄或双起垄。在商品芋栽培中，垄作间如果套种玉米，玉米间作垄边，魔芋种植垄面。要求垄底宽30cm，根据带型确定垄面宽度。根据多年来云南省农科院研究魔芋课题组及云南老魔坊魔芋种植研究所种植的试验表明，在其他条件一致的情况下，高垄小墒可减轻魔芋种植中的发病率。

4. 覆盖栽培

覆盖作为魔芋栽培的一种特殊措施，因为魔芋根系浅和球茎膨大的需要，加之魔芋是半阴性植物，既不耐旱，也不耐湿。采用植物秸秆覆盖，既能有效地减轻暴雨对土壤的冲击，更有利于对杂草的抑制。同时通过覆盖，减少了人工除草的劳作过程和人为对植株的伤害，有利于降低病害。对于海拔2000m以上的魔芋种植地区，魔芋生长积温不够，直接影响到魔芋产量的形成，可采用地膜覆盖来增加土壤温度，抑制杂草生长，促进增产的作用。

四、播种

播种前对前茬作物收获后的土地进行及时深翻土地，冬闲田在冬前深耕，利用冬季严寒冻死土中的病菌，深翻30cm左右。春季再结合土壤消毒，进行深翻、耙平耙细、理墒，一般根据山形地势，从地势高处往地势低处开沟理墒及整地。

1. 理墒及整地

（1）理墒：墒面一般宽1～1.5m，根据不同种植地区而定，低海拔地区墒面1.0m，高海拔地区墒面1.5m；

（2）沟深：30cm以上，便于雨季排涝；

（3）土壤消毒：目前常用的土壤消毒药剂五氯硝基苯、克菌丹、敌克松等均可使用，从防效、施用方式、成本、有害残留等综合考虑，生石灰仍是最常用的药物。在前茬收获后，结合整地撒施或开沟播种时结合施肥，在播种沟内施用生石灰粉50kg/亩。

2. 种芋选用及处理

种芋质量好坏关系着魔芋在整个生长过程中病害发生程度及生长状况，多数病害都是通过种芋传播，最终影响魔芋的产量及品质。

（1）种芋留种或选种应选择专门用于生产良种的繁育基地生产的种芋。

（2）选择无发病情况或发病极轻微的地块作为选种或留种的种源地，在魔芋成熟倒苗后挖收种芋，要利用晴天摊晒，利用太阳光中的紫外线杀除细菌，降低种芋含水量，然后进行贮藏。

（3）一般选择球茎或芋鞭要充分成熟，有沉重感，表皮光滑，形状圆形或高圆形，顶芽充实粗壮，叶柄痕小（小于球茎直径1/2者为优），芽窝浅，无病斑，无伤口的种芋为佳。种芋的重量在100g以下，按大小不同进行分级、栽培。

3. 施肥

播种前应重施底肥，需施入整个生育期需肥总量80%以上的底肥，一般底肥以充分腐熟的农家肥（人畜粪便、作物秸秆）为主，沤熟后每1000kg加入过磷酸钙和复合肥各30~50kg作底肥，播种时种肥隔离。中期适当追肥，在后半期应控制肥料，一般不再施肥。

底肥的施用方法有：

（1）混施

在底肥量较充足的情况下，农家肥可在整地时撒在土壤表面然后翻耕入土壤，使底肥充分与土壤混合。

（2）穴施

在大种芋栽培中，整地开穴后，把底肥施入穴中，盖一层薄土，再放芋种和盖土。

（3）沟施

在用芋鞭（根状茎）和小球茎密植繁种栽培时，先把底肥施入种植沟内，盖一层薄土后再放种芋。

4. 播种

（1）播种时期

在不同的种植区域，受气候因素影响，魔芋播种时期均有所不同。一般要求种芋（球茎）生理休眠解除后，春季气温回升至10℃以上，魔芋即可种植。因为魔芋萌芽温度须高于14℃，温度过低，芽将受冻害萎缩；根生长的温度须在12℃以上，若小于10℃，根组织易木质化，伸长受阴。春季气候温和，气温回升较快，一般在4月上旬即可开始种植魔芋，清明、谷雨至立夏节令种植为佳。在冬季温和、无霜冻或霜冻轻微的低山地区，也可采用冬播的方式，即在11—12月边挖收边播种，收大留小。

（2）播种密度及用种量

魔芋种植密度由气候条件、品种特性、种芋大小来决定，种芋越大，株行距越大，种植密度就小。种芋大小不同，种植株行距不同。一般采取宽行距、窄株距的栽培方式，常采用行距为种芋横径的6倍、株距为种芋横径的4倍。小仔芋30g以下每亩10000～15000株，亩用种量80～100kg；种芋为50g左右，每亩用种量250～300kg，密度6000株/亩；种芋为100g，每亩用种量450kg，密度4500株/亩；种芋150g，每亩种550kg，密度3600株/亩；种芋为200g，每亩用种700kg，密度3500株/亩。

（3）播种方法

方法一：播种深度根据不同大小的种一般在15～30cm，种植时在种植沟内先施用腐熟优质厩肥和复合肥，盖一层薄土后斜放种芋（倾斜45°摆放），或复混肥沿种芋环状施，然后盖土，盖土厚度在10～15cm即可。种植后可在墒两面边或中间条播1行至2行玉米。玉米宜选择株形紧凑、丰产稳产品种，玉米株距在30～50cm。

方法二：在种植沟内斜放种芋后，在种芋之间施用腐熟厩肥和复混肥，但种芋不能直接接触农家肥和化肥，然后盖土，盖土厚度为10～15cm，然后在墒两边套种1～2行玉米。

五、田间管理

魔芋的田间管理有中耕除草、追肥、培土、覆盖、病虫害防治等。

1. 中耕除草

魔芋种植后约 2 个月开始出苗，杂草也大量滋生。杂草与魔芋争夺养分，影响魔芋植株的生长。因此，须及时清除杂草。人工拔除杂草应在雨过天晴时较好，此时土壤较疏松，清除杂草时不易带出魔芋须根。在魔芋生长后期，少量杂草在不影响魔芋正常生长情况下，可以不再清除。另外，在魔芋尚未出土而杂草已开始现绿时，可用除草剂除草，但要尽量避免除草剂喷洒在已出土的魔芋上避免杀伤（死）魔芋植株。云南老魔坊魔芋种植研究所在魔芋种植后第一场透雨之后用乙胺草 + 草甘膦（高浓度）混合按说明使用，每亩 5 喷壶喷施进行芽前除草，在曲靖马龙县、罗平县、西双版纳州等地魔芋种植园中进行了实验，起到了很好的除草防病效果。

2. 追肥

为保证魔芋在生育期中得到持续营养供给，植株生长健壮，一般把整个生育期所需肥料的 20% ~ 30% 作为追肥分期施用，可采用叶面追肥和地面追肥。第一次追肥在出苗至展叶期，魔芋尚未封行，此次追肥以氮肥为主，主要是促进地上部分生长，追肥以不损伤植株，并结合中耕除草进行，每亩可用尿素 20 ~ 30kg，撒施于魔芋行间或环施于植株周围，结合除草浅耕，将尿素盖入土壤中。第二次追肥一般在 7 月中上旬，魔芋开始换头，需要吸收大量养分，此次追肥以钾肥为主，肥料环施于植株叶柄基部周围（不能接触植株），每亩可用氧化钾 15～20kg 或硫酸钾 20～30kg，环施于植株叶柄基部周围，并结合中耕培土进行，此时叶片已全部展开，值得注意的是此期追肥易人为损伤植株，易加重病害。第三次追肥可采取叶面喷施，在 8 月上旬魔芋球茎进入了膨大期，可喷 0.5% 磷酸二氢钾等叶面肥料。在魔芋生长的后半期应控制肥料，一般不再施肥，魔芋萌发期主要依靠种芋所需营养物质，展叶后，尤其是换头结束后，新球茎迅速生长期必须满足其对营养物质的大量要求，到球茎成熟期其需求量徒降。

3. 培土

魔芋播种时间一般在 4—5 月，出苗一般在 6 月，期间经过 1 个月的时间。垄或厢上土壤受雨及人为活动滑落至沟中或种芋种植较浅而露出来，因此在除草追肥后及时清沟培土。既保持墒面、垄沟等排水畅通，又保证魔芋种植必要的土壤覆盖厚度。

4. 病虫害防治

魔芋的病害主要有软腐病、叶枯病和白绢病等几种。虫害主要有豆天蛾、斜纹夜蛾、地老虎、金龟子等，虫害较少发生。

（1）主要病害及防治

魔芋的病以软腐病最为突出，其发生面积广、危害大、损失重。因此，生产上重点是防治软腐病，目前还没有特别有效的药剂能有效防治，防治主要采取"预防为主、综合防治"的方针，从种芋开始进行全程防治。采取的措施有：精选种芋、芋种消毒、选择地块、进行轮作、与高秆作物套种、进行药剂喷施防治等。在田块发现发病植株，立即挖除，将中心病株深埋并在病株穴内撒生石灰进行处理等。

预防措施：

①种芋 通过采取就地繁育良种、选用发病率低的地块留种，选择大小均匀、成熟良好、表面光滑、无伤口的种芋，于贮藏前或播种前选晴好天气进行种芋消毒。

②土壤 在前茬收获后，深翻土壤30~50cm，开沟播种时，结合施肥，在播种沟内施用生石灰粉50kg/亩。

③施肥 以农家肥底肥为主、化肥追肥为辅，合理配比氮、磷、钾的比例，适当提高磷、钾比例，避免偏施氮肥。

④栽培措施 合理轮作、间套作，采用高垄栽培是预防软腐病发生的有效措施。

⑤规范田间操作 中耕管理时应尽量减少或避免给植株造成损伤，施肥、除草、喷药等农事操作宜选择晴天下午，避免损伤魔芋植株，及时拔除田间病株，病穴用生石灰0.2~0.3kg/穴处理病穴，消毒隔离并踏实，在远离地块处将病株集中深埋处理。

⑥苗期化学防治 魔芋出苗后，及时多次施用杀菌类、植物保护类药剂，以控制环境中软腐病菌密度，增强植株抗侵染能力。魔芋展叶前后，用72%农用链霉素可湿性粉剂3000~4000倍液或新植霉素400倍液喷洒叶柄基部

和土壤周围，间隔 7～10 天，连续多次施用

（2）主要虫害及防治

魔芋主要虫害有甘薯天蛾、豆天蛾等。防治上，一是冬春清除田间地角杂草、枯枝落叶及作物残茬，破坏害虫越冬环境；二是幼虫初发期，亩用 25% 敌杀死 20mL 总水 60～100kg 喷雾 1 次即可。

六、魔芋的收获与贮藏

1. 收获

适时挖收魔芋，有利于保质保产，加强贮藏管理有利于加工处理和种芋保存，保障翌年植株的生长发育和增产增收。

魔芋收获一般在霜降前后，魔芋自然倒伏一周以后开始收获，过早过晚均不利。在霜降以后倒苗一周进行采挖，球茎干物质含量增高，含水量降低，球茎更加成熟，对贮藏有利。采收时应选择晴朗天气，日平均气温不低于 5℃，即可采挖，否则将发生低温冷害，挖收后易腐烂。

收获时，边挖边晾晒。尽量小心，减少伤皮，破损。魔芋因球茎皮薄肉脆，含水量高，极易受伤，甚至造成内部裂痕，而外表尚不易察觉，但最终会因为感染病菌而腐烂。若作为商品芋加工，将影响加工的品质；若作为种芋进行贮藏，将引起贮藏期间的腐烂，并传染给健康种芋。

收挖时可将魔芋球茎按大小分为芋种、商品芋、根状茎。将带病、带伤的球茎分开，挖出的球茎先进行晾晒，降低球茎含水量。然后在干燥通风的环境下进行贮藏。商

品芋应尽快加工处理，堆放的时间越长，烂坏率越高。

2. 种芋分级

魔芋球茎在剔除商品芋后，余下的种芋分为芋鞭、球茎，种芋球茎按大小进行分级，一般分以下几个等级：① 30g 以下（多为芋鞭及小球芽）；② 30～50g；③ 100g 左右。

魔芋种芋的生长期和贮藏期各约半年，在种芋贮藏期间，由于贮藏和运输管理差异，直接影响下一年魔芋的产量和病害发生率。

通过大量调查，2002 年富源县魔芋综合发病率为 35.4%，其中，贮藏期间种芋发病率占 11.63%，种植后烂种缺塘率占 11.26%，出苗后期发病率占 12.48%。贮藏期间种芋发病率占魔芋综合发病率的 32.9%。因此，对培育、经营种芋的企业和农户自留种，都必须高度重视和掌握魔芋贮藏原理及技术。贮藏期间，种芋的损失主要来自腐烂和干瘪，造成腐烂的主要原因是种芋受伤和感病，造成干瘪的主要原因是对温度、湿度管理不当。另外，种芋运输方式不当，特别是长途运输更易造成种芋损伤，导致种芋损失和发病。我国魔芋分布广，条件复杂，应视各地具体情况选择适宜的种芋贮藏和运输方式。

贮藏的适宜条件：魔芋种芋在贮藏期间，其温度、湿度、通风、防病是影响魔芋贮藏的四大因素。

（1）温度　维持鲜球茎休眠期正常生命活动所需的温度为 7～10℃，低于此温度就可能被冻坏。如果室温高于 15℃，则不利于种芋休眠，而且种芋会因呼吸作用加强，损失大量养分，高温又会助长贮藏期发生病害。因此鲜球茎贮藏期间的最适温度应严格控制。

（2）湿度　球茎休眠期需要保持湿度，室内必须有一定湿度，一般贮藏湿度为 50% ~ 70% 为宜，贮藏湿度太低，球茎因呼吸作用损失水分过多，芋重大大减轻，品质降低。

（3）通风　球茎休眠期要进行有氧呼吸，如贮藏场所通风不良，氧气不足，球茎就会进行无氧呼吸，将会导致生理性中毒而发生腐烂，因此，贮藏场所不能严密封闭，要做好通风换气工作，贮藏场所要有适当的通风条件。

（4）防病　随球茎贮藏量的增加，防贮藏期病害是十分重要的，病害的发生率与以上因素关系密切。同时鲜球茎的质量也是导致病情的重要因素，反过来一旦病害发生，蔓延十分迅速，又会影响球茎质量。因此，贮藏前认真做好种芋选种工作，才能避免病害的发生，一旦发现有腐烂球茎要及时剔除。

参考文献

［1］王玲，马继琼，尹桂芳，等．魔芋实用知识问答［M］．云南教育出版社，2013.

［2］王玲，肖支文，李勇军，等．魔芋良种繁育及栽培技术［M］．云南科技出版社，2010.

［3］刘佩瑛，魔芋学［M］．中国农业出版社，2003.

［4］刘海利，王启军，牛义，等．魔芋生产关键技术百问

百答［M］．中国农业出版社，2011.

［5］李勇军，马继琼，陈建华，等．施氮量对魔芋病害发生、产量及黏度影响的研究［J］．西南农业学报，2010，2010（1）：128－131.

［6］张盛林．魔芋栽培与加工技术［M］．中国农业出版社，2005.

［7］陈耀兵．魔芋防病丰产高效栽培技术推广体系［J］．长江蔬菜，2004，2：18－19.

［8］崔鸣，赵兴喜，等．魔芋丰产栽培及防病技术十大要点［J］．蔬菜，2003，5：29.

［9］张龙松．魔芋防病丰产栽培技术［J］．植物医生，2001，6（14）：40－41.

［10］杨代明，刘佩瑛．中国魔芋种植区划［J］．西南农业大学学报，1990，12（1）：1－7.

［11］杨代明．中国魔芋资源调查及区划［C］．1998届西南农业大学硕士论文．

［12］张盛林，刘佩瑛．中国魔芋资源和开发利用方案［J］．西南农业大学学报，1999，21（3）：215－219.

［13］牛义，张盛林，等．中国的魔芋资源．西南园艺［J］．2005，33（2）：22－24.

第四章　魔芋良种的繁殖

　　魔芋为多年生草本植物，3~5年完成一个生活周期，魔芋雌雄同株、单性花，花期不同，在生长过程中雌花比雄花先成熟1~2天，形成了雌、雄花的生殖隔离。有性繁殖是经昆虫异株授粉而结果，授粉率仅只20%。所以魔芋主要以无性繁殖的方式来繁殖。

　　魔芋通过繁育后代或获得种芋来延续农业生产。魔芋的无性繁殖主要通过地下球茎的芋鞭、挖大留的小球茎、球茎切块、珠芽（珠芽类魔芋）等营养器官及组培技术进行繁殖，与其他一些薯类作物相比魔芋有其许多特殊及共同之处，首先它为多年生作物，3~5年才能完成一年生活周期；其二，其他薯类作物如马铃薯、甘薯等繁殖系数可达十几倍到几十倍，而魔芋繁殖系数仅4~6倍左右；其三，魔芋的球茎含水量高达80%以上，皮薄、肉脆易受伤，种芋受伤容易感染病菌，而导致在种植上的大面积发病；其四，魔芋种植用种量大，每亩需种芋300~500kg；其五，由于长期无性繁殖，魔芋同马铃薯、甘薯等块茎类作物一样种芋带病严重，种植发病率高，产量降低、品质退化。因此，在魔芋产业化发展中，良种退化，优良种芋的奇缺制约了产业的快速发展。良种基地的建立，规范化的生产性状，整齐一致的优良种芋是魔芋产业健康发展的保证。

一、有性繁殖

魔芋有性繁殖，即种子繁殖法，利用雌雄花受粉、杂交而结成种子来繁殖后代的繁殖方法，其优点是通过杂交优势可以选育优良新品种。

魔芋通常需 3～5 年完成一个生活周期。花魔芋生活周期为 4～5 年，白魔芋生活周期为 3～4 年。当魔芋顶端的营养芽转化为花芽，并开花结果标志着一个生活周期完成，新一轮的生活周期即将开始。陈劲枫等发现自然条件下魔芋花芽发生与球茎的大小（年龄）和受光条件有密切关系。2006—2009 年云南省农业科学院生物所魔芋课题组从昭通市永善县引种白魔芋到昆明、曲靖种植，连续几年的试验结果表明，2 年生的白魔芋几乎 50% 的开花，进一步的验证了陈劲枫等的发现，生态环境的变化能促使魔芋的营养生长向着生殖生长转变。魔芋是雌雄同株，单性花，雌花比雄花早熟 1～2 天，当雄花成熟时，雌花已不能授粉受精。要想获得种子，必须是在一个群体内多株生理状况相同的植物种在一起，才可能授粉而获得"种子"。待种子成熟后，绿色的果实由绿色转为橘红色或蓝色时，果实中的小球茎形成坚硬的外壳，进入休眠，收获果实，风干后，剥去果皮，储藏在通风干燥处，注意种子的湿度，以免种子过干或发霉，影响萌发率。第二年 4 至 5 月份，气温回升，种子的生理休眠解除，开始萌发。萌发率因受不同品种、果实的受精、种子生长发育、储藏、播种后环境条件等因素的影响而不同，高的萌发率可达96%，低的却只有20%~30%，种子经过一个生长周期培育出小球茎平均重在5~15g，一般没有根状茎，也就是一颗种子长一个小球茎。

种子繁种需3~4年才能形成商品芋，目前有性繁殖主要用于选育新品种（系），日本育种工作者通过魔芋的交杂育种先后培育出了"农林1号"（又名榛名黑）、"农林2号"（又名赤城大芋）、"农林3号"（妙义丰）及"农林4号"（又名美山增）4个魔芋品种；原西南农业大学刘佩英、张盛林分别于1993年、1994年进行魔芋杂交育种工作，获得了3个交杂组合材料；云南省农科院生物技术与种质资源研究所魔芋课题组通过几年的工作，解决了花粉保存、花粉萌发率低、杂交不亲和等杂交育种的问题，成功地使1~2龄的魔芋球茎提早开花，缩短了魔芋生活周期，获得了大量的杂交种子，得到了不同的品系。

二、无性繁殖

魔芋的无性繁殖是利用魔芋营养器官的全部或一部分作为繁殖材料进行繁殖，使之形成一个新的个体的繁殖方法，其特点是快速、大量的生产优质种苗及种芋。

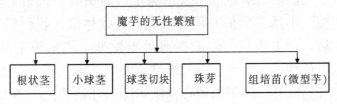

1. 根状茎繁殖

即芋鞭繁殖方法，约在魔芋完成"换头"形成新芋，在新芋球茎表皮，具有侧芽的地方，侧芽发育、不断延伸，不同的种，延伸的长度不同，长到一定的程度，自然脱离母体，形成具有顶芽，下端略为膨大的长形小魔芋（根状茎）。不同的种产生的根状茎数量不同，如白魔芋一个球茎能长 15～20 条根状茎，长度 10～20cm，直径 1～2.5cm，而花魔芋有根状茎 6～15 条。根状茎的数量与球茎的年龄有着密切的关系，种龄越大，根状茎条数也相对越多。根状茎自然脱离母体后，进入休眠期，当年不发芽。根状茎体积小，便于运输、携带、储藏，种植时按 10cm×10cm 的株行距下种，下种量约 80kg/亩，种植后相对球茎的发病率低，一般都在 5% 以下，因而成为了异地调种的首选和第一年的良种繁育材料。

2. 小球茎繁殖

小球茎一般指采收魔芋时，挖大、留小，留下的不能做商品芋、重量约在 50g 以下的球茎。

选择标准：种皮完好光滑、顶芽肥大、芽窝浅、芋形呈椭圆形（即纵径大于横径）、饱满。

3. 球茎切块繁殖

选 300～500g，无病、生长健壮的魔芋或顶芽分化为花芽的魔芋球茎切块。切块时应注意刀的消毒，首先把顶芽或花芽切除，消除顶端优势，再分块切球茎，每块切快上应具有明显的侧芽，且切块时机应选在栽种前的 3 个月前，才能打破侧芽的休眠，保证切块魔芋的萌发率。切后魔芋切口用草木灰包裹，尽快使切口风干。一般不建议此方法繁种，技术掌握不好，种芋萌发率低，发病率很高，而影响魔芋的生产。

4. 珠芽繁殖

珠芽类魔芋的地下球茎基本无根状茎，主要以生长在复叶基部的小球茎，即株芽，进行繁育后代或获得种芋来延续农业生产。复叶基部株芽的多少与球茎的年龄有着密切的关系，一般3～10个，种龄越大，株芽越多，多达20多个。魔芋成熟后，株芽自然脱落，进入生理休眠期，株芽结构与地下形成的球茎结构是一样的，都具有顶芽，第二年3～4月份积温升高，气候转暖，株芽解除生理休眠，开始萌发，株芽由于是长在地上，且光照充分，种皮较厚，比花魔芋及白魔芋的小球茎耐运输及贮藏，通常在同等种植条件下发病率比花魔芋及白魔芋低。

5. 植物组培技术繁殖

运用植物的组培技术批量化的生产性状整齐一致、无病优良种苗和新品种，并进行优良种苗的推广运用在无性繁殖的作物（甘薯、甘蔗等）、果树（苹果、葡萄等）蔬菜（马铃薯、大蒜等）和花卉（兰花、水仙等）等植物生产优质无病种苗得到了广泛的应用，提高了产量或恢复了原品种的优良性状，特别是在无性繁殖植物受到多种病毒的浸染，造成严重的品种退化，产量降低，品质变劣的植物上其效果更为明显。魔芋的组培技术通过各级科研部门科研人员的共同努力已有了实质性的进展，组培的优质魔芋种苗（芋）已批量的进入大田试验示范，为魔芋新品种选育及良种的推广奠定了基础。云南省农业科学院生物技术与种质资源研究所魔芋课题组生产的优质魔芋组培苗在云南省的昭通、曲靖、富源、昆明及四川省的绵阳进行了试验示范，植株生长健壮、耐病性强。此项技术得到了中国魔芋协会的充分的肯定，2004 年 8 月 3 日"第三届全国魔芋种植基地建设经验交流及经贸洽谈会"在云南省富源县召开，课题组与富源县农业局、曲靖富力公司共建的"魔芋脱病毒良种繁育基地"作为会议的一个亮点得到了参会代表的高度重视和广泛认可。大会认为："该成果是国内也是国际上首次大批量成功栽培魔芋组培苗，其意义在于让我们看到了解决魔芋种芋质量和数量的曙光"。《魔芋组培苗批量化生产及组培苗栽培技术》于 2004 年 6 月获得了的国家发明专利，专利号：ZL99121051.4，证书号：第 160326 号。

（1）魔芋苗的快繁脱毒技术

魔芋主要以无性繁殖为主，在长期的无性繁殖过程中，病菌的积累、种性的退化及良种繁殖系数低（繁殖系数为 3~5 倍左右），制约了魔芋产业的发展。通过植物组培技术能有效地提高种芋繁殖系数，解决种性退化等问题，为生产上批量化的提供优质种苗（芋）。

快繁脱毒技术包括：

①外植体选筛 选筛发育良好、种皮无损、光滑，二龄球茎（球茎形椭圆）、芽窝较浅、重量约 100g 左右的球茎为外植体。

②培养基配制 魔芋组培苗的诱导与生产一般选用 MS

培养基。

分化培养基 MS + 6BA 2 mg · L^{-1} + NAA 1 mg · L^{-1}

生根培养基 1/2MS + NAA2 mg · L^{-1}

③接种前的准备工作

用具的消毒：解剖针、手术刀柄、培养皿、接种盘、无菌水用高压灭菌锅高温灭菌，温度 120～121℃、压力 0.11MPa、时间 40min。

接种室：接种前半小时打开紫外灯照射接种间及缓冲间，同时照射超净工作台，照射半小时后关掉紫外灯。接种前用 75% 的乙醇擦拭超净工作台的表面。

④无菌种苗快繁体系的建立及优质种苗的生产

a. 剥离生长点、接种

材料的消毒：魔芋球茎顶芽长至 2～3cm，切取顶芽，自来水冲洗，0.1% 氯化汞消毒，浸泡 10min，无菌水冲洗 3 次。

生长点的剥离：在超净工作台上，将已消毒的顶芽放在垫有湿润无菌滤纸的培养皿中，解剖镜下剥去苞片，取下 0.1mm×0.1mm 大小的顶芽组织，接种到已配制好的诱导培养基上。

b. 初代培养

接种了顶芽生长点的培养基瓶，置于培养室内培养架上进行培养。

培养条件为：温度 25±2℃、暗培养，使之脱分化形成愈伤组织。

c. 电镜进行病毒检测

经 2～3 个培养周期，当生长点长到约 2cm，在电镜下进行病毒检测，剔除带病毒的培养体，达到生产无病的生产要需求，方能进行继代培养继代分化、扩繁。

培养温度 25～30℃、光照 1500Lx 的光照强度，光照时长 8h。

d. 生根培养

一般在 3 月上旬气温回升，分化苗长至 3～4cm 高时可进入生根培养阶段。切取生根苗时，注意剔除弱苗、畸形苗。

生根苗的培养尽可能在自然光下培养，增强苗在移栽时对外界的适应能力；在生根培养基中添加适量活性炭，促进根的生长及壮实，提高移栽成活率；培养温度 25～30℃，光照强度 1500Lx，光照时间 9h；当主根长至 2cm 时，即可出瓶、移栽。

技术路线：

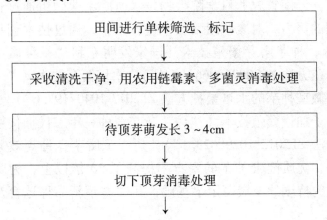

田间进行单株筛选、标记

↓

采收清洗干净，用农用链霉素、多菌灵消毒处理

↓

待顶芽萌发长 3～4cm

↓

切下顶芽消毒处理

↓

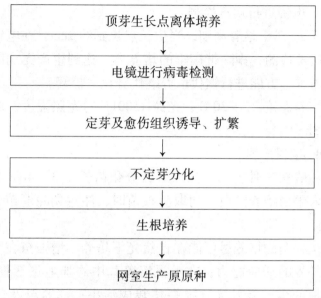

顶芽生长点离体培养

↓

电镜进行病毒检测

↓

定芽及愈伤组织诱导、扩繁

↓

不定芽分化

↓

生根培养

↓

网室生产原原种

（2）魔芋良种高效繁育技术

魔芋组培苗的生产、移栽有着较强的季节性并要求较高的设施条件及栽培技术，导致了原原种的生产成本居高不下。云南省农业科学院生物技术所魔芋课题组通过长期不懈的努力，对魔芋组培技术进行调整，通过技术创新及集成，种芋多芽繁殖技术（国家发明专利"一种魔芋良种繁殖方法 ZL200710066414.4"）、水培繁育技术（"一种魔芋微型种芋的水培繁种方法 ZL2013 10407197.6"）及实生种子加代繁殖技术（"魔芋杂交育种一年二代加代繁殖的方法 ZL2012 10290023.1"），建立了魔芋良种高效繁育技术，优质健康种芋的繁育率提高了 50 倍以上，为魔芋产业的持续的发展奠定了基础，其"魔芋新品种选育及良种高效繁育技术创新与应用"获 2017 年云南省科技进步三等奖。

（3）魔芋高效良种繁育技术

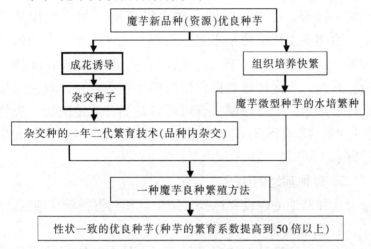

三、魔芋良种繁育应注意的问题

1. 区域与地块的选择

魔芋是区域性极强的作物，不同的种对其生长的环境条件有着特定的要求。首先，我们要根据不同的魔芋种选择相适应的魔芋良种繁育基地：①花魔芋适应能力最强，分布最为广泛的一个种，几乎遍布于云南省的所有山区、半山区，最佳适植区为海拔 1000～2200m 温暖湿润的山区、半山区。②白魔芋分布区域较狭窄的一个种，分布于海拔 1000m 左右、温度较高、湿度较低的干热河谷一线的昭通等地区。③珠芽类魔芋分布于热量丰富、高湿，光照充足、海拔低于 1000m 以下的热区，德宏、临沧、版纳、文山沿南疆一线。④黄魔芋：（西盟魔芋、勐海魔芋）分布于热量丰富、高湿，光照充足、海拔低于 1000m 以下的热区，德宏、临沧、版纳、文山沿南疆一线。⑤疣柄魔芋、甜魔芋生长于热量丰富、高湿，光照充足、海拔低于 1000m 以下的热区，德宏、临沧、版纳、文山沿南疆一线。其次，要优选魔芋良种繁育的小生态环境，地块选择未种过魔芋，土层深厚，有机质含量高，质地疏松，透气性良好，阴潮而不积水的微酸至中性壤土或沙壤土为适宜。

2. 良种基地的建设

良种基地的建设要选择在适生区相对海拔较高地区。

3. 选优去劣

为了保证良种的质量及纯度，4 月上旬繁育的原种材料播种后，待出苗、展叶，在繁种基地中不断去劣、去杂，及时清除病株及杂株。种芋收获时，剔除有病、种型不好的种芋。运输、贮藏、催芽、栽种过程中，避免种芋再次混杂及感病。种芋不断选优去劣，是繁育良种的保证。

4. 分种分品系繁殖

不同的种和品系，分开繁殖，最好在不同的地方繁殖，以免混杂。

5. 分类分龄繁殖

分类是指芋鞭、种芋、组培苗、微型种芋分类繁殖；分级针对种芋而言，按种龄的大小进行繁殖。

6. 良种繁育应常规繁种与组培技术相结合

①从源头解决种芋带病的问题，提高种芋的质量；②加快良种繁育的速度；③降低优良种芋的生产成本。

四、良种的贮藏

优良种芋的贮藏关系到第二年魔芋增收与丰产，种芋安全贮藏的效果不仅与贮藏期中温度、湿度和通气状态等环境条件有着密切的关系，而正确的田间管理、适时采收及做好贮藏前的预处理工作是安全贮藏的前提条件。

1. 适时挖收

种芋必须叶倒伏 10 天以上，待叶柄基部与球茎的离层老化、球茎充分成熟、含水量下降时才能挖收，可以增强耐贮性。为避免低温损害，应抢晴天收挖。种芋受伤是造成贮藏期间发生腐烂及栽后发病的重要原因。受伤的种芋在贮藏期间伤口处易发霉甚至腐烂，腐烂的菌液向四周扩散，浸染在完好的种芋表面，给下年生产埋下极大隐患。因此，从挖收起应特别注意避免种芋受伤，并应尽力选择晴天进行挖收、搬运、入库贮藏工作。

2. 预干燥与愈伤处理

贮藏前的预处理是贮藏成败的关键环节。若未经预干燥就进行贮藏，几天后便有软腐病菌滋生，并从伤口进入球茎内部，发生腐烂。预干燥的目的是去除球茎表面水分，使表皮木栓化和伤口愈合。预干燥的方法是晴天挖收球茎时边挖边晒，早挖晚运，除净表面泥土，运回之后放在能通风遮雨的地方进行自然风干，若天气好，也可置晒

场进行脱水，待种芋重量减少 20%，此时球茎表皮木栓
化，伤口已愈合，内部脆性减低，利于贮藏。

3. 分选分级及消毒

分选指将畸形、主芽损坏、感病及品种不符的球茎剔
除；分级指将分选出的种芋按种类、种龄及球茎大小进行
分类。分选分级后的种芋，便于贮藏管理。入库贮藏前，
进行太阳光紫外线照射 3~4 天，杀伤种芋表皮细菌。

五、种芋贮藏方法及包装运输

1. 种芋贮藏的方法

（1）室内贮藏

①麦草、稻草保温贮藏　一般农村在自家瓦房内二楼
和顶楼木条上铺一层小麦草或者稻草，然后在小麦或者稻
草上堆放 3~4 层魔芋，冬天注意在魔芋上再覆盖一层小
麦草或者稻草。

②竹筐或者塑料筐　在竹筐或者塑料筐底部放适量干
松毛，然后摆一层魔芋放一层干松毛，摆魔芋时芽眼朝
上，上层魔芋与下层魔芋芽眼相互错开。装好筐后堆在通
风透气处。研究表明，在贮藏前用草木灰对种芋进行表面
处理后再装筐贮藏，有利于种芋伤口愈合，同时草木灰有
干燥和催芽的作用，使种芋提前出芽。

（2）室外贮藏

①原位贮藏　也称露地越冬保种贮藏，指当年不挖收
魔芋球茎在地里自然越冬，待魔芋进入倒苗期，在土表撒
播小麦或者其他小春作物。

此贮藏方法的前提是：a. 当年种植的魔芋不发病或者发病轻微；b. 若当年采挖后未达到商品芋标准，以当年种植的小仔芋最好；c. 地块应有一定坡度；d. 山巅，风口等受寒风袭扰，土层冻结较深，不宜留种越冬。

应用此方法时应注意：a. 植株自然倒苗后，撒播小麦或者其他冬季作物结束后，立即培土，并用稻草、茅草或者树叶等覆盖，覆盖物越厚越好，以起防寒作用；b. 地块开沟，以利排水防涝；c. 次年开春后，于播种季节拔出撒播作物，小心挖收或者让其自然生长。

②室外堆藏　在冬季无冻害的地块，选地势高、干燥、土壤疏松、排水流畅、背风向阳地点，在地面垫玉米秆，摆放球茎一层，撒上疏松干燥泥土掩盖后放一层球茎，如此重复堆放 3~5 层，上面再撒上疏松干土，用薄膜封严保温，周围挖沟排水。晴天敞开薄膜通气，雨天盖膜以免进水，春季天暖后，加强通风换气。

（3）贮藏期管理

优良的贮藏场所是安全贮藏种芋的基础，但若不配合贮藏期间的管理工作，仍会失败。种芋贮藏期长达半年，在此期间，应根据贮藏环境条件及球茎生理状态来调控，因此贮藏前期、中期及后期的管理措施也有不同。

①前期管理　贮藏初期（11 月中旬至 12 月中旬）球茎呼吸作用旺盛，释放热量大，水分蒸发大，外界温度尚高，易造成高温环境，发生软腐病。因此应注意通风条件，散热降温，并勤于检查剔除腐烂变质球茎，并在周围撒石灰防止蔓延。

②中期管理　此期（12月中旬至次年2月下旬）时间较长，球茎呼吸及蒸腾作用减弱，外界温度低，球茎易遭受冷害，应采取以保温防寒为主的管理措施，保持温度不低于5℃，有条件的可适当加强。

③后期管理　2月下旬以后，立春节令开始，气温逐渐回升，但冷暖多变，这时球茎的休眠期已解除，温度较高能加速萌芽，低温则使芽受冻害，温度宜控制在10～20℃，相对湿度60%～70%，这种条件既可起到催芽的作用，又可防止"老化芽"的形成，应加强检查，剔除腐烂变质球茎，周围撒生石灰。

2. 种芋的包装运输

（1）种芋的包装

种芋运往异地必须进行包装，包装前必须分级堆放，容器要求能保护种芋不受挤压，并能通风，切忌使用塑料袋或编织袋，应用硬质竹筐、藤筐或塑料筐，四角必须用硬材料做骨架，增强承压能力。底层及周围垫稻草（或纸花），放种芋一层，加一层草，避免滚动，有条件的可对250g以上的种芋用高泡塑料网进行单个套袋，装满后，上盖稻草并加防压盖。

（2）种芋的运输

包装好的种芋在装载时，要轻拿轻放，尽量减少运输时间。运输途中搬运时也应轻拿轻放，不能大幅震动或滚动种芋。一般种芋重达50～300g，均可销售，但每一批必须大小一致。种芋愈小愈便于包装、运输、愈能减少损伤。

六、魔芋组培良种繁育技术规程

1. 范围

本标准规定了魔芋试管苗、原原种、原种、良种繁育的术语及定义、繁殖体系、繁殖技术、采收、分级、运输和贮藏。

本标准适用于组织培养的魔芋种芋繁殖。

2. 术语及定义

下列术语和定义适用于本标准。

（1）外植体 explant

由具有本品种特征的活植物体上分离下来以进行培养的组织或器官（如魔芋的球茎、根状茎、叶片、叶柄、芽孢、生长点等的切块、细胞、原生质体等）的各种接种材料。

（2）愈伤组织 callus

将外植体放在适当的培养基上进行培养，器官或组织进行细胞分裂，形成的新组织（薄壁细胞团）。

（3）试管苗 test－tube plant

外植体在适合的光照、温度和营养元素、激素等条件下，经愈伤组织分化或其他途径，产生出各种器官和组织，进而发育成具有本品种特征的完整魔芋植株。

（4）原原种 super seed crom

由试管苗在光照、温度、营养元素等因素可控的条件下（试管内或非试管）栽培，倒苗后形成的具有本品种特征的魔芋球茎或根状茎，包括试管芋和非试管芋。

63

①试管芋 test – tube crom

试管苗栽培在试管内，倒苗后形成的球茎。

②非试管芋 de – test tube crom

试管苗出瓶后栽培在温度、光照、营养元素等条件可控的温、网室等试管外（如营养液栽培），倒苗后形成的球茎。

（5）原种 basic seed crom

原原种扩繁的球茎或根状茎。

（6）良种 elite seed crom

原种扩繁的球茎或根状茎。

3. 繁育体系及要求

（1）繁育体系

魔芋外植体→试管苗→原原种→原种→良种。

（2）繁育要求

①试管苗

有试管苗工厂化生产车间，包括药品室、制剂室、洗涤室、接种室和组培室，有专业技术人员操作。

②原原种

有工厂化生产车间，包括组培室或温室、网室，具备温、光、营养元素等试管苗形成原原种过程中可控的环境条件，试管芋生产在组培室进行，营养液栽培在温、网室进行，有专业技术人员操作。

③原种

要求有一定规模的网室或大棚，栽培介质要求疏松透气，可采用草炭＋蛭石＋珍珠岩作基质或火土、腐殖土、壤土等，有专业技术人员操作。

④良种

将原种挖收后，进行分级、包装，运往种芋生产基地种植，成熟后即为商品芋的种芋，有魔芋种植经验的人员指导。

4. 繁殖方法

（1）试管苗

①外植体取样部位及取样时期

魔芋球茎和根状茎在 3 ~ 6 月顶芽萌动未出苗之前，叶柄和叶片在幼叶未展开之前，其他外植体取样时间均应选取样部位生长旺盛时期。

②外植体消毒、灭菌

魔芋球茎和根状茎在密闭的容器中用甲醛 - 高锰酸钾熏蒸 20 ~ 30min 后取出，待福尔马林气味散尽后，用 75% 乙醇、0.1% 升汞进行表面灭菌；叶柄、叶片、芽孢等外植体只需用 75% 乙醇、0.1% 升汞进行表面消毒灭菌后，用灭菌水洗净；从试管中培养的丛生芽中剥取的茎尖、芽鞘等顶端分生组织不需消毒灭菌。

③培养基

采用 MS 培养基，添加不同的激素，配方与制作方法见附录 A（规范性附录）。

④接种

将消毒灭菌的魔芋球茎或根状茎在无菌环境下横向切成约 10 mm × 10 mm × 5 mm 的小块，叶片切成约 10 mm × 10 mm 的小块，叶柄切成约 10 mm 长的小段，接种在培养基中，每瓶接种 1 块（段）。

⑤培养

在清洁、干燥、通风并经环境消毒的培养室内，温度 25～26℃，相对湿度 65%～70% 条件下，培养 30～50 天，可见外植体膨大 3～5 倍，形成愈伤组织。培养过程中，每 7～10 天观察一次，及时清除污染。

⑥扩繁（继代培养）

在无菌环境下将愈伤组织取出，切成约 8 mm×8 mm 的小块，转入继代培养基中，每瓶接种 2～3 块，放入培养室继续培养。

⑦诱导分化

母苗（愈伤组织）扩繁到一定数量后，将愈伤组织取出，每块切 3～4 块，转入分化培养基，诱导丛生芽。

⑧试管苗

将丛生芽分割成单株，带少量愈伤组织，移入分化培养基中，诱导生根和出苗，形成完整植株。

（2）原原种

①繁殖方法

a. 试管内栽培

试管苗接种到生根培养基中，在温度 25～26℃，相对湿度 65%～70%，光照 20000Lux 左右的培养室中生长 50～80 天，在瓶内倒苗，基部膨大，形成原原种。

b. 营养液栽培

试管苗基部长出 0.5～2.0 cm 的根后，带少量愈伤组织切下，用小流量自来水轻轻冲洗掉基部的培养基，在

25℃左右、相对湿度65%~70%、自然光照条件下，温内炼苗7~10天。在温、网室内进行营养液栽培，倒苗后形成原原种。

②采收和贮藏

a. 采收　将成熟的原原种摘下，洗去培养基，在日光下晾晒1~2天或置于通风透气处晾干水分。

b. 贮藏　将采收的原原种贮藏于河沙或其他基质中，以防失水过多，越冬时要采取措施，避免冻伤。

（3）原种

①催芽

原原种播种前，用1%的硫脲浸泡1h，取出晾干，置于泥炭、河沙等基质中，保持湿度80%~90%，温度20~25℃条件下催芽25~30d。

②播种

在平整的栽培介质（基质、火土、腐殖土、壤土等）上掏出8~10cm深的小沟，沟间距15cm，亩施15~20kg复合肥作底肥，覆介质1~2cm，将出芽的原原种顶芽向上摆放，间距10cm，覆平基质，浇水使基质或土壤保持湿润。

③管理

原原种出苗后至魔芋成熟期前，喷施1% K_2HPO_4 溶液或其他叶面肥2~3次，施复合肥1~2次。网室或大棚内温度要保持在13~30℃以内，土壤湿度低于60%，空气湿度低于80%就应浇水。发现虫害可用敌杀死进行杀虫；

若发现病株，立即将全株带土取出地外进行烧毁或深埋，同时用1000万单位农用链霉素兑水4000倍液灌穴（软腐病），或在穴内及周围撒生石灰（白绢病），及时控制，防止漫延，在进入6月份后，用农用链霉素每隔7d打一次，连续打3次，以防软腐病、叶枯病等病害的发生；生长期要及时拔除杂草，拔草时应注意防止损伤幼苗。

④采收

倒苗10d后即可采挖，球茎及其根状茎不能受伤，晾晒5h后除净泥土，剔除病、虫害球茎，转移到遮雨、通风处继续风干待贮。

（4）良种

①繁育 由原种在良种繁育基地生产（参考三、魔芋良种繁育应注意的问题）

②分级及质量要求

级别	一级	二级	三级
质量（g）	50～100	10～50	≤10
发芽率（%）≥	98	96	92
纯度（%）≥	100	100	100
感观	表皮褐色或淡黄色，无病、无伤、无霉烂。		

③包装、标志

a. 包装 魔芋良种宜装在已消毒、硬质抗压、透气的专用箱筐，包装规格为15～30kg/箱。

b. 标志 包装箱上应标注：产品名称、类别、等级、净含量、生产企业（或销售企业）名称和地址、生产日期、保质期。

④运输

a. 产品在运输、装卸时应小心轻放，严禁撞击、挤压和雨淋。

b. 一级良种直接运输到商品芋生产基地栽培，二级、三级原原种运输到商品种芋生产基地栽培。

⑤贮藏

种芋贮藏在温度 5～10℃，空气相对湿度60%～80%，通风透气。

参考文献

［1］王玲，马继琼，尹桂芳，等．魔芋实用知识问答［M］．云南教育出版社，2013．

［2］王玲，肖支文，李勇军，等．魔芋良种繁育及栽培技术［M］．云南科技出版社，2010．

［3］刘佩瑛．魔芋学［M］．中国农业出版社，2003，171－173．

［4］刘海利，王启军，牛义，等．魔芋生产关键技术百问百答［M］．中国农业出版社，47－51．

［5］王玲，李勇军，房亚南，等．魔芋组织培养的一步成苗技术研究［J］．西南农业学报，17（5）：636－638．

［6］王玲，房亚南，等．魔芋试管芋形成的因素探讨［J］．

西南农业学报, 19 (2): 280 –282.

[7] 王玲, 马继琼, 等. 魔芋组织培养中褐变成因的探讨 [J]. 西南农业学报, 19 (4): 719 –721.

[8] 陈建华, 王玲, 尹桂芳, 等. 影响魔芋花药培养褐变因素研究 [J]. 西南农业学报, 2010, 23 (3): 458 –461.

第五章　魔芋的加工技术

魔芋含水量高达80%~85%、皮薄肉脆，极易受伤导致腐烂，保鲜期短、不耐贮藏、不耐运输，因此挖收后应尽快进行脱水进行初加工，才能保住质量，成为商品原料，同时也便于包装、运输及销售。

魔芋的加工包括：芋片（角）加工，芋粉加工，魔芋产品的生产。

一、芋片（角、条）加工

芋片（角、条）加工的过程为：魔芋鲜球茎→除去芽、根→清洗、去皮→切片或块→护色→干燥→检验→包装→成品。

1. 除去芽窝及根

目前这一工序还未实行机械化，需用手工操作，通过人工把不含葡甘聚糖的顶芽及根去除。

2. 清洗去皮

球茎表皮不含葡甘聚糖，且有大量的泥沙、杂物，应清洗干净，去掉外表皮，传统的方法是用人工清洗，手工刮削，效率低，劳动强度大，现在多已选用机械化清洗去皮，一般是在一台设备上完成，生产效率高，常用设备有以下几种：

（1）旋转滚筒式清洗去皮机

旋转的滚筒内壁有螺旋导板或其他波状凸起物，鲜芋从一端装入滚筒，滚筒启动后，鲜芋便在筒内翻滚，鲜芋之间及鲜芋与筒壁间相互摩擦而达到清洗去皮的效果，经一定时间后，鲜芋自动从另一端排出。滚筒可放在水槽中使用或附加喷水嘴配合使用，这种设备结构简单，生产率较高，其工作能力和效果取决于滚筒转速、滚筒内表面粗糙程度或波状凸起的数量以及物料在机内经过的时间。

（2）刷式清洗去皮机

采用旋转的刷子作为主要的工作部件。鲜芋装入机内后，被旋转的刷子带动而翻滚，靠刷洗和摩擦作用而完成清洗去皮。清洗去皮的时间由刷子的运动来控制。

（3）组合式清洗去皮机

较常用的是将旋转滚筒与旋转刷子组合使用，其工效可较高，但目前存在的问题是因球茎形状不圆整，芽窝深，去皮的损失较大，达 3% ~ 10% 以上，且在水中冲洗的时间长，去皮后露出的葡甘聚糖粒子被溶胀损失。

3. 切片

清洗去皮后的鲜芋应及时切成大小均匀的片或快，以便进行干燥。目前的配套设备要求切片厚度为 5 ~ 10mm。适合于鲜芋切片的设备有以下几种：

（1）离心式切片机

主要工作部件有可转动的叶轮和筒体等。在筒体内壁装有固定刀片，鲜芋进入机内后，旋转的叶轮拨动鲜芋回转，保持适当的回转速度，鲜芋产生的离心力远大于自身的重量，因而可以紧贴于筒体内壁上，并受叶轮的拨动相对于筒体内表面移动，当通过固定刀片时，即被切成所需厚度芋片。

（2）盘刀式切片机

主要工作部件有可转动的刀盘、送料机构、物料夹压机构和机壳等。刀盘装于转轴上，有喂料口，对称安装两把切刀。鲜芋由输送带传送，在上下喂料辊的夹持下，送入喂料口时被转动刀切成片。

（3）往复切片机

主要工作部件为可作往复直线运动的刀片、料斗等。鲜芋在料斗内，利用自身的重力压在刀片上，靠刀片往复直线运动完成切片。该设备厚薄均匀，对不同大小和形状的魔芋球茎的适应性强，允许使用削刃长的刀片，易与干燥设备配套，效果良好。切片机关键的部件是刀片。薄且锋利的刀片，加工消耗的动力小，可使物料的损失最小，在新切表面上有一些小孔出现，有利于水分蒸发。刀片应使用不锈钢制造，并经热处理达到较高硬度，以保证有良好的耐磨性。

4. **护色**

魔芋片的加工过程很易发生褐变，使芋片变成深褐色或黑色，严重降低芋片质量，主要原因是酶促褐变。因魔芋球茎含充足的酚类物质和多酚氧化酶，加上去皮后有大量氧进入，同时加热烘烤，加快了酶促反应，我国目前生产中一般采用熏硫法或利用煤中所含二氧化硫直接进入物料，且在烘烤初期控温在 75℃以上的湿热环境中以控制褐变，但因对二氧化硫的控制量不准确，常造成芋片及其所制成的魔芋粉中二氧化硫含量超标，解决二氧化硫控量是当前主要的课题。

5. 芋片干燥

干燥是在自然条件或人工控制条件下，利用热能除去鲜芋片中水分的工艺过程。自然干燥是利用太阳热能和风进行干燥，不用燃料，不需特殊设备，生产成本低。但这种方法受气候的直接影响，干燥过程缓慢，难以生产出品质优良的产品。人工干燥一般在室内进行，采用专门的设备，不受气候的限制，操作可以控制，干燥时间短，能显著提高干芋片的质量，缺点是设备投资较多，生产成本较高。干燥是决定芋片质量和影响加工成本的关键工序。

（1）影响芋片干燥的因素有以下几点：

①热空气温度　芋片干燥介质一般是使用热空气。热空气的温度影响干燥速度及芋片的品质和色泽。温度升高，干燥加快，当温度为 70℃左右时，干燥快，葡甘聚糖含量也高。温度过高和过低，明显地影响了芋片中葡甘聚糖含量，含量下降，原因是温度过低时干燥速率低，干燥时间长，不能很快抑制酶的活性，葡甘聚糖等被消耗；若温度过高，引起糖分焦化，葡甘聚糖含量也会下降。当热空气温度为 80℃左右时，色泽最佳，再升温，色泽变差，其原因是低温干燥时，干燥时间长，酶活性不能很快被抑制，使酶促褐变和非酶促褐变作用时间增长，加之一定的风速作用给芋片提供了丰富的氧，加速了褐变进程，引起

色泽较差。随热空气温度提高，酶活性下降，褐变反应受抑制，色泽较好。但如热空气温度过高，超过80℃，葡甘聚糖焦化，淀粉氧化反应增强，使色泽变差。现在一般干燥设备采用多风温干燥，干燥初期风温100～120℃，因物料湿度高，很快使风温下降，实际物料温度不高于80℃，在此高温下失水并定色后，到中后期风温逐渐降到低于60℃，芋片质量好，又省燃料。

②热空气湿度 空气的绝对湿度与饱和湿度相差愈大，干燥能力愈强，干燥速度愈大。

③热空气流速 增加热空气流速能及时将物料表面的饱和湿空气带走，以防止阻碍物料内水分的进一步蒸发，同时，因物料表面接触的热空气量增多而显著加速物料中水分的蒸发，所以，热空气流速增加干燥速率加快，但流速过大，耗能过多。

④鲜芋片厚度 随片厚减小，干燥速率提高，片厚7～8mm时，因干燥快，葡甘聚糖含量最高。

据研究芋片干燥优化工艺参数为：风温81℃，风速1.4m/s，片厚5mm，可作为参考。

（2）干燥设备

在分散的小量生产中，常采用简易的烘烤设备，在批量生产中，已广泛使用多种性能良好的干燥设备。

①传统烘烤设备 目前中国的芋片干燥仍大量使用传统烘灶，优点是构造简单，设备费用低，操作简单，因而至今仍得到比较多的使用。但存在严重缺点是靠辐射传热，静态干燥，费时太长（约2天），干燥不均匀，熏硫

难控制，其产品质量差，黑片较多，灰尘污染，含硫量超标。

②隧道式干燥设备　这种设备有一较长的隧道，其长度决定于物料干燥所需的时间，一般多为20～40m。隧道常用砖砌成，并采用保温绝热措施，两端设置有能开启和严密封闭的门，并有干燥介质的入口和废气出口。鲜芋片均匀铺在盘内，盘放在小车架上，小车装满芋片后由机械驱动进入隧道，到达出口端时即完成干燥过程。小车与隧道侧壁和顶之间的间隙应尽力取小值。根据芋片和热空气运行方向，可将这种设备分为三种形式：顺流式、逆流式和对流式。

③振动流化床干燥设备　这种干燥设备是将物料铺在分布板上，热空气由下部通入床层，随着气流速度加大到某种程度，物料在床层内产生沸腾状态，称为流化床干燥。在实际的芋片干燥中，振动流化床设备常与其他干燥设备配合使用。但因鲜芋片湿度大，有黏度，沸腾效果不够好。

④网带式干燥设备　这种设备有一长方形箱体，多用金属构件组成，外部设有保温层。箱体大小决定于生产率，箱体内装有多层金属网带。金属网带一般用直径1mm的不锈钢丝或镀锌钢丝编织而成，各层网带分别跨绕在两个滚筒上，在驱动滚筒的带动下沿水平方向运动，相邻层网带的运行方向相反。芋片首先投入顶层的网带入口端，均匀铺在网上，并随着网缓慢移动，当运行到网带的末端后，均匀撒落在第二层上，以此类推，经最下层网带到箱

体物料出口已成干燥芋片。网带式设备是借鉴日本的设备（重油为燃料），结合中国实际（烧煤）经过几年不断改进，目前已达到较满意效果。

⑤真空冷冻干燥设备　这种设备主要包括真空冷冻干燥箱、真空系统、制冷系统、控制系统和消毒系统等。现在已有系列定型设备供应，中型设备冻干面积 $1\sim5m^2$，大型设备冻干面积已有达 $200m^2$。

6. 质量检测及包装

用仪器精确测定干芋片含水率，一般含水率应该控制在 13%以内，黏度也可凭经验进行判断，还可以采用试样比较法，与已知准确含水率的样品比较，色泽可以凭感官判定，并结合干芋片的清洁程度进行分级，经检验后的干芋片，为防止受潮和污染，一般应进行包装。

二、魔芋粉的加工

1. 魔芋粉

2010 年公布及制定的中华人民共和国农业行业标准，《魔芋粉行业标准》中将魔芋粉分为以下五类：

（1）普通魔芋粉

是指用魔芋干（包括片、条、角）经物理干法或有鲜魔芋采用粉碎后快速脱水或食用乙醇湿法加工初步去掉淀粉等杂质，制得的粒度 $\leqslant0.425mm$（40 目）的颗粒占 90%以上的魔芋粉。

（2）普通魔芋精粉

是指用魔芋干（包括片、条、角）经物理干法或有鲜魔芋采用粉碎后快速脱水或食用乙醇湿法加工初步去掉淀粉等杂质，制得的粒度≤0.125～0.425mm（120目～40目）的颗粒占90%以上的魔芋粉。

（3）普通魔芋微粉

是指用魔芋干（包括片、条、角）经物理干法或有鲜魔芋采用粉碎后快速脱水或食用乙醇湿法加工初步去掉淀粉等杂质，制得的粒度≤0.125mm（120目）的颗粒占90%以上的魔芋粉。

（4）纯化魔芋粉

是指用鲜魔芋经食用乙醇湿法加工或用魔芋精粉经食用乙醇提纯到葡甘聚糖含量在70%以上，粒度≤0.425mm（40目）的颗粒占90%以上的魔芋粉。

（5）纯化魔芋精粉

是指用鲜魔芋经食用乙醇湿法加工，或用魔芋精粉经食用乙醇提纯到葡甘聚糖含量在70%以上，制得粒度≤0.125mm～0.425mm（120目～40目）的颗粒占90%以上的魔芋粉。

2. 魔芋粉的加工原理

魔芋粉的加工分干法与湿法两种，芋片（角）粉碎后即为魔芋全粉，包含着淀粉、葡甘聚糖和其他杂质。魔芋粉加工的目的就是要将葡甘聚糖与淀粉和其他杂质分离，分离和提纯得越彻底，粉的质量就越高。按照魔芋粉加工过程中是否使用液体介质，分为"干法"和"湿法"：

（1）魔芋粉干法加工原理

"干法"是以芋片为原料，进行粉碎、研磨、杂质分离而获得魔芋粉的加工方法，加工过程中不使用任何溶剂。由于魔芋普通细胞的韧性及硬度小于异细胞，可采用机械粉碎的方法，使普通细胞首先破碎，其中的淀粉、纤维素等杂质逐步粉碎成为颗粒细小的飞粉，而葡甘聚糖异细胞的韧性极强，在一般粉碎条件下不会破碎，且葡甘聚糖粒子大小和重量均超过淀粉等杂质，所以只需用筛分或风力分离的方法就可将淀粉等杂质分离除去。但初步分离的葡甘聚糖粒子周围还紧裹着普通细胞或其残留物，还必须经过在机械内继续碰撞、摩擦、揉搓及粒子之间的相互碰撞和摩擦才可能逐步脱离，再通过筛分或风力逐步将这些杂质分离除去，最后得到半透明状的魔芋粉粒子。

（2）魔芋粉湿法加工原理

湿法加工也是根据魔芋异细胞与普通细胞在韧性、硬度、颗粒大小等的差异，进行粉碎、研磨与分离，不同的是湿法使用了液体介质。水是一种最廉价的液体加工介质，但因葡甘聚糖遇水极易溶胀结块，在目前的技术条件下，完全用水作加工介质还不可能。因此，需要使用既能抑制葡甘聚糖溶胀，又不改变葡甘聚糖性质的液体介质，称为"阻溶剂"。在阻溶剂存在下或接触水的时间很短时，葡甘聚糖异细胞仍具有较好的硬度和韧性，当受到剪切、冲击、挤压等各种机械力的作用时，不易破碎，而普通细胞很快被粉碎为颗粒微小的粒子。随着加工时间的延长和加工次数的增加，葡甘聚糖异细胞表面的普通细胞及杂质才被研磨脱落，成为微小颗粒悬浮于液体介质中，在固液分离时，通过一定孔径的滤网（布）而被除去。同时，异细胞中所存在的少量可溶性糖、粗蛋白、纤维素、矿物质元素等也逐渐溶解于液体介质中，通过固液分离而被除去，使湿法生产的精粉比干法生产的更为纯净。根据不同的质量要求，可调整上述操作的重复次数。

阻溶剂分有机溶剂和盐类试剂两大类。有机溶剂中只有乙醇、异丙醇等少数几种适合作精粉加工的阻溶剂，其中乙醇价较低、无毒，最常用。有效浓度与溶剂种类、温度、外力大小等因素有关。如用乙醇作阻溶剂，在20℃下有效浓度30%（v/v）左右；盐类试剂中只有四硼酸钠（硼砂）适合作魔芋精粉湿法加工的阻溶剂，但因硼有毒，食品加工中禁用，只能用于非食品魔芋精粉加工。

3. 魔芋粉的加工步骤

（1）魔芋粉干法加工

①工艺流程：芋片（角）→破碎机中破碎→风选分离→精粉机中加工→风选分离→研磨机中研磨→风选分离→筛分→分级→混合匀质→包装入库。

②操作步骤：启动粉机，合上配电盘上的闸刀，控制柜通电，再按说明书规定的顺序启动机器的各部分，在确认运转正常后，在控制柜上设置加工时间周期→投料：机器上加料指示灯亮时，将按规定称好的每次加料量均匀地投入料斗内，投料时间约20s→粉碎研磨与出料：投料后，粉碎、研磨和分离达到预定时间后，自动卸出精粉→研磨机中研磨：将粉输入研磨机中进一步研磨，通过抽风吸走飞粉杂质（如只要求一般的质量，可省去此步骤）→研磨机中研磨：将粉输入研磨机中进一步研磨，通过抽风吸走

飞粉杂质（如只要求一般的质量，可省去此步骤）。筛分检验均质和包装卸出的精粉倒入筛分器内进行筛分，筛网有40目、60目、80目、100目、120目、140目等几种孔径，筛网孔径大小、粒度级数根据要求而定，筛分后进行质量检测，包括黏度、二氧化硫、水分、粒度，然后用混粉器将同一类的粉进行充分混合，以保证产量的均匀性，最后进行包装。

（2）魔芋粉湿法加工

葡甘聚糖粒子内部含有10%以上的杂质，干法难以去除。湿法能除去细胞表面和内部的可溶性杂质，且湿法芋片未经烘烤环节，减少了高温对其质量的影响。湿法使葡甘聚糖粒子在液体介质中膨胀，撑破普通细胞的包裹，使葡甘聚糖粒子与普通细胞的联系松散，易于分离而不需长时间的粉碎研磨，可减少葡甘聚糖的损失，因而精粉收率比干法约高3个百分点左右，湿法加工有两类，即有机湿法和无机湿法，发展的方向是有机湿法。

①有机湿法：

A. 工艺流程：鲜魔芋球茎清洗、去皮→（切分）→护色→粉碎→（脱溶剂除杂）→研磨→脱溶剂除杂→（洗涤）→干燥→（干研磨）→分筛→均质→检验→包装。

a. 鲜芋清洗去皮。

b. 切分与护色　若使用砂轮磨粉碎研磨，须先用切块机将去皮后的鲜芋切成小块，若用剪断滚筒型粉碎机不须切块。护色用二氧化硫浓度的亚硫酸盐溶液，一般在第一次粉碎介质中加入使用。

c. 粉碎研磨与分离 如乙醇溶液浓度若过低，葡甘聚糖溶解，在加工过程中损失，且影响成品的溶解性；如乙醇浓度过高，增加成本，对除去水溶性杂质也有影响。乙醇溶液与物料混合平衡后的乙醇浓度不宜低于30%。乙醇溶液的用量一般为鲜芋重的 1～3 倍。若用剪断滚筒式粉碎，则将鲜芋与乙醇溶液按适当比例加入筒体内，粉碎至精粉粒子分散后，再送入砂轮磨中进一步粉碎。若用砂轮磨粉碎，则需将切分的魔芋与乙醇溶液分别按比例同步加入，磨间距离调至恰当，使精粉粒子完全分开，并得到充分研磨。

分离多采用离心过滤分离方式，即将上面浆状物装入有150～300目滤网的离心机转鼓内，使可溶性物质及小颗粒杂质在离心力的作用下穿过滤网随溶剂分离出去，魔芋精粉粒子留在滤网内。再将魔芋精粉与乙醇溶液按一定比例混合，于砂轮磨中研磨，将精粉粒子表面的杂质磨去。再用30%以上的乙醇溶液洗涤滤网内的魔芋精粉粒子，再离心分离。

d. 干燥 湿魔芋精粉的含湿量在70%以上，采用低温真空干燥法，对去除乙醇气味和保证精粉质量的效果最好，若采用热风气流干燥，进风温度应在120℃以上，由于魔芋粉颗粒较大，含湿量高，每次干燥过程时间短（仅几秒），所以一次不能完全干燥而需重复几次，在缓舒一段时间后复烘一次，利于去除残余乙醇。

筛分、检验、均质和包装与干法相似。

B. 主要设备：

洗清去皮及切分设备；粉碎研磨设备；分离设备；真空干燥设备；蒸发器和冷凝器。

C. 提高湿法产品质量和降低成本的措施：

a. 加工过程中废乙醇均采用回收使用。

b. 在初粉碎时，可用水代替乙醇，以节省成本，但要求粉碎与分离在短时间（1分钟）内完成，即在葡甘聚糖粒子还未充分溶胀前完成，分离后的粗精粉必须立即送入阻溶剂中，以阻止葡甘聚糖继续溶胀，否则，精粉将结块，使后续工序困难，并可能造成葡甘聚糖溶解损失，因此，需要使用专用粉碎机和连续式脱水机等设备。

c. 魔芋粉湿法加工过程中最忌葡甘聚糖粒子溶胀，甚至形成溶胶，使产品的溶解性严重下降，葡甘聚糖损失，因此不要为节省成本而过度降低乙醇的浓度和用量。

d. 使用后的乙醇溶液悬浮有大量的淀粉、纤维素、少量的葡甘聚糖和其他可溶性杂质，较黏稠，自然沉降极慢，若加热又起泡，给乙醇回收带来一定困难，因此，在回收前需采用沉淀剂处理或加热处理，再进行离心分离。分离液送入回收装置回收乙醇，以降低生产成本。

②无机湿法

其工艺与有机湿法基本相同，但因采用的液体介质性质不同而有差异。切分护色后，按鲜芋重量比1:1~2加入含0~0.3mol/L氢氧化钠的0.02~0.1mol/L四硼酸钠溶液中，于砂轮磨或其他粉碎研磨机中粉碎、研磨，然后用过滤式离心机脱去溶液及部分小粒杂质。上述滤饼含有一定量的硼和其他杂质，为提高脱硼和除杂效率，可采用研磨洗涤法，即按滤渣重量加入 5 倍以上的水，研磨后离心脱水，重复 1~2 次，至水洗液 pH 值为 7.2~8.5，葡甘聚糖仍呈松散状态为止，并离心脱水，此时，滤饼中仍含有少量的四硼酸钠和氢氧化钠，会影响葡甘聚糖的溶解度和黏度，应测定其残留碱量，计算用酸量，以 0.1~0.3mol/L 盐酸溶液均匀加入以中和其碱，然后干燥至规定含水量。

（3）纯化魔芋精粉湿法加工

纯化魔芋精粉是指用鲜魔芋经食用乙醇湿法加工或用魔芋精粉经食用乙醇提纯，制得粒度 ≤0.125~0.425mm（120~40 目）的颗粒占 90% 以上的魔芋粉。加工成的普通魔芋粉仍含杂质，而有浓厚鱼腥味，若能提纯，可提高葡甘聚糖含量从 70% 左右到 85% 至 90%，甚至更高，黏度可提高 50%。鱼腥气味是由三甲胺、樟脑等 20 多种不同化学物质所构成，其中三甲胺易溶于水，樟脑等溶于乙醇等有机溶剂。可溶性糖、无机盐类及部分含氮化合物溶于水或低浓度乙醇。在干法加工中，精粉粒子表面未被除净的淀粉、纤维素等杂质，在水或低浓度乙醇中易吸胀，同时被膨胀的精粉粒子所撑破，易与精粉粒子分离。其用纯化方法有以下几种：

①逆流洗涤法

采用逆流洗涤装置，以 30% 或浓度更高的乙醇或异丙醇溶液为洗涤剂，精粉物料通过螺旋推进器前进，而洗涤剂逆向流动，使出口端的物料始终接触干净的溶剂，洗涤效果好，省溶剂。洗涤后的物料转入 200~300 目滤袋的离心机内离心分离，最后真空干燥或气流干燥。

②搅拌洗涤法

魔芋精粉放入搅拌罐内，加入物料重量 2～4 倍的 30%或浓度更高的乙醇或异丙醇亲水性有机溶剂，搅拌洗涤 5～15min，转入 200～300 目滤袋的离心机内，脱去溶剂，再用 1～2 倍乙醇或异丙醇溶剂冲洗一次，离心脱去溶剂，再用同样溶剂冲洗一次，离心脱去溶剂，最后干燥。

③研磨洗涤法

将精粉的悬浮液倒入磨浆机或其他研磨设备进行研磨洗涤。通过调节磨盘间距，还可使精粉达到抛光效果。

（4）魔芋微粉加工

普通魔芋微粉是指初步去掉淀粉等杂质，制得的粒度 ≤0.125mm（120 目）的颗粒占 90%以上的魔芋粉。

①魔芋微粉干法加工

普通魔芋粉粒度分布在 40～80 目，溶胀慢，在室温水中完全溶胀需 4 小时以上，给工业应用带来不便，因而发展到干法微粉加工。微粉加工中，由于葡甘聚糖粒子的韧性极强，热稳性差，常出现不能有效将葡甘聚糖粒子粉碎细化或虽能细化，但黏度大幅度下降，成为次品或废品，且加工成本高。目前，较为成功的干法加工微粉的技术路线有高压预处理——粉碎、机械研磨、深冷粉碎、气流粉碎等。

A. 高压预处理——粉碎　由山东淄博某粉体设备有限公司、清华大学材料粉体工程研究室和华南农业大学食品学院共同研究开发完成的"魔芋超细粉碎生产工艺系统设备"。在常温下对魔芋精粉颗粒利用静态力量进行高压预处理，使精粉粒子的内应力超过精粉粒子韧性极限，粒子产生裂纹或破裂，再经过多次粉碎，使物料进一步破碎，最后采用专用分级机对其微粉进行分选，达到要求粒度的颗粒作为产品收集。没有达到粒径要求的颗粒再次返回粉碎区继续粉碎，物料采用闭路风力负压输送系统，能自动将葡甘聚糖与飞粉分离。该法生产的微粉粒度为120~250目（0.125~0.061mm）。该系统工艺简单，操作方便，能连续生产，产品细度可根据要求在很宽的范围内进行调整，加之成本低，仅500元/t。产品葡甘聚糖含量略有提高，黏度、凝胶性等保持良好，色度和透明度有所提高，溶解速度比普通魔芋精粉提高5倍以上，是目前较新较实用的技术路线和其设备。

B. 深冷粉碎　为防止强烈冲击粉碎增温对葡甘聚糖的损害，将普通精粉在液氮中浸泡冷却结冻，用冲击式或销棒式粉碎设备，以高回转打板强力粉碎和特殊的分级机构，排出的微粒经旋风分离器捕集。

C. 耙式气流粉碎　将物料定量送入喷射器，经混合加速后，以400m/s以上气流速度高速反复冲击在旋转耙上以实现微粉碎。

②纯化魔芋微粉湿法加工

此种加工实际是以上加工方法的综合应用。

A. 工艺流程：魔芋精粉→浸泡→离心分离→洗涤→旋液分离→微细研磨→离心分离→干燥→筛分→分级包装。废乙醇液回收。

　　B. 设备：纯化魔芋微粉加工设备与魔芋精粉湿法相似，但研磨设备要求比普通精粉湿法高，并需增加搅拌器（浸提罐），一般选胶体磨砂轮微磨机。胶体磨的主要工作原理是在机内产生具有强大剪切力的高速流促使聚合体的颗粒分散为单体颗粒或将轻度黏连的颗粒集合体分散于液相中以将液体分散为粒度一定的液滴，将固体颗粒分散均化。胶体磨的使用调查表明，该机整个使用费用太高，平均每吨微粉的机械磨损费为400～500元，而且要进行多台磨才能完成。砂轮磨的价格低，配件消耗成本低，仅10～20元/t，但粉碎性能不如胶体磨。

　　C. 操作要点：精粉物料投入浸提罐内，加入不低于30%的乙醇溶液进行浸提后，输至暂存罐，由粗磨机初步研磨后进入旋液分离器组，分离出淀粉、色素、无机盐等杂质，再送入暂存罐，经四级研磨机逐级研磨后进入暂存罐，也可根据粒度要求重复研磨，再进入暂存罐，然后离心脱水，最后输送至真空干燥机中进行低温干燥，得到120～200目、含水量在10%以下的微粉。微粉颗粒比干法所产更规则，内部破损也较干法轻，即湿法微粉优于干法微粉。纯化魔芋微粉也可用鲜芋为原料，其工艺与湿法相近，但须加强研磨环节。

　　（5）葡甘聚糖的鉴定和检测方法

　　以2010年公布及制定的中华人民共和国农业行业标准，《魔芋粉行业标准》中的鉴定和检测方法为准（见附录 中华人民共和国农业行业标准《魔芋粉》NYT 494 – 2012）。

三、魔芋食品的加工

传统的魔芋食用方法主要是加工成魔芋豆腐。近年来，随着魔芋科学研究的不断深入和现代食品加工技术的提高，魔芋在食品中应用越来越广泛，它既可作为主料制作成各式魔芋食品，也可作为辅料添加到各类食品中，以改善食品品质，还可用于制作可食性膜和作为食品保鲜剂等。这里主要介绍一下，以魔芋作为主料的热不可逆魔芋凝胶食品的制作工艺。

热不可逆魔芋凝胶食品，是利用魔芋葡甘聚糖在碱性加热条件下形成的食品。主要原料为魔芋粉、碱性凝固剂和水。该类食品形状多样，如日本传统的魔芋块、条、丝、丁、三角等，以及现代各式魔芋仿生食品如素虾仁、鱿鱼、腰花、海蜇等。虽然这类食品在辅料的使用和生产工艺上有一定的差异，但其基本生产工艺相同。

1. 基本工艺流程

配料→搅拌糊化→静置→精炼→定型→加热凝固→改形→浸泡→包装→杀菌→成品。

2. 配料

热不可逆魔芋凝胶食品的原料是魔芋和水，其品质与魔芋种类、产地、精粉质量等有关。精粉的使用量与产品的质量要求有关，产品要求硬度高则精粉用量多；在相同的凝胶强度下，等级高的精粉使用量比等级低的精粉使用量少。一般生产魔芋凝胶块的精粉与水之比为1:30～50，魔芋丝为1:25～30。四川、湖北、陕西等地，农民自制魔芋豆腐的精粉与水之比在 1∶50 左右。

3. **搅拌糊化**

投料搅拌的关键是：①搅拌均匀，使精粉充分扩散；②不能有结团现象，否则在后续工序中无法使结团散开；③搅拌时不能进气泡，否则在后续工序中难以将气泡排出，影响产品质量。

避免结团和混入气泡的方法是：①搅拌器要有足够的搅拌程度，使水完全旋转和翻滚；②投料时不可过快或过慢；③水在旋转时不要有大的漩涡。搅拌后静置 60 分钟左右，让精粉充分吸水糊化。

4. **凝固剂的使用**

可食用碱都可作为凝固剂，通常用氢氧化钙作凝固剂。石灰液浓度一般在 2% 左右，使用时应不停地搅拌，使其充分扩散而不沉淀。石灰液的添加量，应根据输出的魔芋膏的 pH 值调整，应在 11～12，pH 值过低不能充分凝胶，过高则会破坏凝胶。

5. **精炼**

在精炼机的搅拌筒中，将吸水糊化的魔芋膏与石灰液充分搅拌，混合均匀。精炼机搅拌筒是在负压状态下运转，必须注意密封性，否则就会漏气使魔芋膏内产生气泡。

6. **定型**

精炼机输出的魔芋膏在未开始胶凝时，迅速将其输送到定型槽内，并静置凝固定型。定型时间与精粉的质量，加水的倍数、膏的温度、pH 值有关，一般在 2 小时左右，以取样切块不变形时为宜。

7. 加热凝固

从定型槽中取出的魔芋凝胶块未完全凝固,需放入热水槽中加热蒸煮,使魔芋块的硬度和弹性达到最大值。

8. 改形

已经蒸煮过的魔芋胶块,用切块机切成符合要求的小块,然后用花样机、切丝机或专用刀具切成各种形状。

9. 浸泡

定型凝固后的魔芋胶最好在热水中浸泡一段时间,使魔芋食品光泽透亮,颜色变白和除去碱味。魔芋块在改形后浸泡,魔芋丝在改形前浸泡。

10. 装袋和杀菌

生产出来的成品在装入包装袋之前,都要向事先准备好的包装袋内注入200g柠檬酸水溶液,这样做是为了在运输和销售过程中,能继续保持魔芋制品的新鲜度,不至于短期内变质。然后将生产出来的魔芋制品装入袋内,称好重量,再拿到封口机上封口。封口时要注意摆放端正,不能歪斜,并且封口严密,如果让里面的水溶液漏出来则不能出厂。经过封口处理之后,还要进行消毒处理。将经过封口处理的魔芋制品摆在塑料箱中,放入灭菌池中,通入高温蒸气,在95℃的高温下进行灭菌。每批产品进行一个小时的灭菌就可以了。然后将装好袋的魔芋制品从灭菌池中拿出,直接拿到包装车间,装入相应的包装箱内,粘上封口胶,放入库房,就可以上市销售了。

11. 成品

优质魔芋食品应具有软硬适中,有较强的弹性,口感好，组织细腻光滑，烹调时变形小，容易入味，形状均匀，仿形逼真和保质期长的性能。

目前，以魔芋为原料或作添加物加工的魔芋食品种类较多，主要有以下几类：

（1）直接加工品

即以魔芋为主要原料，不加或添加部分其他原辅料加工而成的产品。如魔芋片（角）、魔芋精粉、雪魔芋、加味魔芋、快餐魔芋、冷冻魔芋、五香魔腐干等。

（2）粮油类制品

以粮食或油料作物为主要原料，适量添加魔芋后制成的产品。如魔芋米、魔芋面、魔芋粉丝、魔芋晶糕等。传统面条、粉丝等食品中添加魔芋后，品质有很大的改善。如面条韧性增加，加工和食用时断头率减少，煮熟不粘条，不浑汤，口感好，耐存放等。

（3）食品添加剂

利用魔芋的特性，以魔芋为主要原料或同其他原料配合加工而成的产品。如面包改良剂、调味添加剂、啤泡沫稳定剂、酒类与果汁的澄清剂等。面包中添加魔芋作品质改良剂后，其组织结构得到改善，气孔率和膨胀率都比未加的面包高。用魔芋精粉作增稠剂生产带肉果汁（粒粒橙）效果好。

（4）饮料类

利用魔芋或其加工副产物飞粉（含葡甘聚糖53％）为原料制成的产品。如魔芋保健饮料、魔芋香槟、无醇啤酒、魔芋饮料等。

（5）综合利用产品

以飞粉为主要原料制成的产品。如飞粉蚊香、飞粉浆糊、飞粉软膏基质或刷剂、动物饲料等。飞粉用葡萄糖基转移酶作用制得的偶合糖有防龋齿的作用，可代替造糖或饴糖作甜味剂。飞粉做蚊香可降低成本，其色泽、耐贮运、抗折强度及脱圈情况都较好。

（6）糖果糕点类

以魔芋为原料或主要添加物制成的产品。如魔芋软糖、魔芋蜜饯、西瓜风味魔芋糕、草芋糕、魔芋饼干、糊状巧克力等。

（7）仿生食品

以魔芋为主要原料或配合其他原料制成的产品。如模拟虾、魔芋仿生牛肉干、魔芋海蜇皮、魔芋蹄筋、魔芋肠等。

（8）其他类

如苹果汁魔芋丝、什锦魔芋、蔬菜魔芋、魔芋速食汤、魔芋果酱、果冻、蛋白质和魔芋复合食品、魔芋香辣酱、魔芋冰淇淋等。

参考文献

［1］ 王玲，马继琼，尹桂芳，等．魔芋实用知识问答［M］．云南教育出版社，2013.

［2］ 王洪伟，钟耕，张盛林，等．我国魔芋粉加工技术和设备的研究与运用［J］．食品工业科技，2009，30

（5）：337 – 339.

［3］ 中华人民共和国农业行业标准《魔芋粉》NYT 494 – 2012.

［4］ 张盛林，郑莲姬，钟耕，等．花魔芋和白魔芋褐变机理及褐变抑制研究［J］，农业工程学报，2007，23（2）：207 – 212.